レーザー物理入門
新装版

レーザー物理入門

新装版

霜田光一

岩波書店

序　文

　レーザーは科学技術の新しい分野を開き，ますます急速に発展している．レーザーがいろいろの応用に役立つ装置として成熟してきただけでなく，物質構造の人為的制御，あるいは化学反応や原子核反応の制御にも革新をもたらしている．こうして，レーザーの発展は科学技術と自然現象に対する新しい観点を与えている．

　レーザー自体の技術的開発においても，レーザーの物理的過程まで掘り下げて考察することがしばしば必要になる．レーザー分光や非線形光学ではいうまでもない．そこで本書は，これからレーザーを学ぼうという学生，研究者，技術者のために，レーザーの物理的基礎とそれに伴う諸概念とをできるだけわかり易く，本質的原理から系統的に書いたものである．しかしレーザーの現状はまだ，レーザー物理学あるいはレーザー工学として学問的体系が確立されているとはいえないであろう．本書は，レーザーが発明される前から現在まで，レーザーの研究の一部に関与してきた筆者が抱いている，レーザー物理の概念とその系統的展開であるということができよう．そこで初めて学ぶ者のための入門書として，果たしてこれでよいかどうか，欠点の指摘や改良点の示唆など，読者の御批判と御教示をお願いする．

　記号の不明確や不統一はもちろん，計算の誤りや誤植もないよう注意をしたつもりであるが，些細なものだけでなく重大な間違いも残されていることを恐れる．とくに筆者の誤解や偏見によるものがあれば，できるだけ早い機会に訂正したい．

　　1983年2月

　　　　　　　　　　　　　　　　　　　　　　　　　霜　田　光　一

目　　次

序　文

第1章　レーザーとは ……………………………………………… 1

　§1.1　レーザー光の特徴 …………………………………… 1

　　1.1.1　指向性 ……………………………………………… 2

　　1.1.2　単色性 ……………………………………………… 3

　　1.1.3　エネルギー密度と輝度 ………………………… 4

　　1.1.4　超短光パルス ……………………………………… 5

　§1.2　固体レーザー ………………………………………… 6

　§1.3　気体レーザー ………………………………………… 8

　　1.3.1　気体原子レーザー ……………………………… 9

　　1.3.2　分子レーザー …………………………………… 11

　§1.4　色素レーザー ………………………………………… 15

　§1.5　半導体レーザー ……………………………………… 17

　§1.6　その他のレーザー …………………………………… 21

第2章　光のコヒーレンス ……………………………………… 23

　§2.1　ヤングの実験 ………………………………………… 23

　§2.2　マイケルソンの干渉計 ……………………………… 25

　§2.3　時間的コヒーレンスと空間的コヒーレンス ……… 27

　§2.4　光の振幅の複素表示 ………………………………… 30

　§2.5　コヒーレンス関数 …………………………………… 33

第3章　電磁光学 ………………………………………………… 37

　§3.1　マクスウェルの方程式 ……………………………… 37

viii 目 次

§3.2 光の反射と屈折 …………………………………………… 41

§3.3 全 反 射 …………………………………………………… 45

§3.4 ファブリー・ペロー共振器 ……………………………… 49

§3.5 ファブリー・ペローの干渉計 …………………………… 51

§3.6 薄膜導波路 ………………………………………………… 56

§3.7 ガウスビーム ……………………………………………… 62

第4章 光の放出と吸収 …………………………………………… 68

§4.1 電磁波のモード密度 ……………………………………… 68

§4.2 プランクの熱放射式 ……………………………………… 71

§4.3 自然放出と誘導放出 ……………………………………… 74

§4.4 双極子放射と自然放出確率 ……………………………… 78

§4.5 光 の 吸 収 ………………………………………………… 82

§4.6 複素感受率と屈折率 ……………………………………… 85

第5章 レーザーの原理 …………………………………………… 89

§5.1 反 転 分 布 ………………………………………………… 89

§5.2 3準位レーザーの反転分布 ……………………………… 91

§5.3 4準位レーザーの反転分布 ……………………………… 94

§5.4 レーザー増幅 ……………………………………………… 96

§5.5 レーザー発振の条件 ……………………………………… 98

§5.6 レーザーの発振周波数 ……………………………………103

第6章 レーザーの出力特性 ………………………………………107

§6.1 レーザー発振のレート方程式………………………………107

§6.2 定常発振出力…………………………………………………109

§6.3 発振の立上り…………………………………………………113

§6.4 緩 和 発 振 …………………………………………………115

§6.5 Qスイッチ…………………………………………………118

目　次　ix

第7章　コヒーレント相互作用 ……………………………………124

§7.1　2準位原子とコヒーレントな光の相互作用 …………………124

§7.2　誘起双極子モーメントと誘導放出係数 ………………………128

§7.3　密 度 行 列 …………………………………………………131

§7.4　密度行列の運動方程式 …………………………………………134

§7.5　光学的ブロッホ方程式 …………………………………………138

　7.5.1　仮想空間への変換 ……………………………………………139

　7.5.2　回転座標系での表示 …………………………………………140

　7.5.3　縦緩和と横緩和を表わす項 …………………………………143

第8章　非線形コヒーレント効果 …………………………………145

§8.1　飽 和 効 果 …………………………………………………145

§8.2　飽和吸収による原子数分布の変化 ……………………………149

§8.3　非線形複素感受率 ………………………………………………152

§8.4　不 均 一 広 が り …………………………………………154

　8.4.1　ドップラー広がり ……………………………………………155

　8.4.2　ドップラー広がりがあるときの非線形感受率 ……………157

§8.5　ホールバーニング ………………………………………………160

§8.6　コヒーレント過渡現象 …………………………………………163

　8.6.1　光 章 動 …………………………………………………167

　8.6.2　自由誘導減衰 …………………………………………………168

　8.6.3　光 エ コ ー ……………………………………………170

　8.6.4　自己誘導透過 …………………………………………………172

第9章　レーザー発振の理論 ………………………………………175

§9.1　半古典的理論の基礎方程式 ……………………………………176

§9.2　単一モード発振 …………………………………………………179

　9.2.1　定常発振…………………………………………………………180

　9.2.2　ファンデルポール方程式 ……………………………………182

x　目　次

§9.3　多モード発振 ……………………………………………………184

　9.3.1　2モード発振の競合 …………………………………………185

　9.3.2　結合調の存在 …………………………………………………189

§9.4　モード同期 …………………………………………………………191

§9.5　気体レーザーの理論 ……………………………………………195

　9.5.1　定在波内の気体分子の密度行列 …………………………196

　9.5.2　逐次近似解 ……………………………………………………198

　9.5.3　3次近似の出力特性(Lamb dip) …………………………202

§9.6　量子力学的レーザー理論 ………………………………………204

あ と が き ……………………………………………………………207

参 考 文 献 ……………………………………………………………209

索　　　引 ……………………………………………………………211

レーザーとは

第1章

　レーザー (laser) という用語は，原子や分子による光の誘導放出を利用して光波を増幅する，という意味の英語 Light Amplification by Stimulated Emission of Radiation の頭文字を集めて作ったいわゆる頭字語である．レーザーの原理は1954年に発明されたメーザー (maser は Microwave Amplification by Stimulated Emission of Radiation の頭字語) と同じであって，レーザーが1960年に発明される前後には，光メーザー (optical maser) あるいは赤外メーザー (infrared maser) とよばれていたが，1965年頃から一般にレーザーというようになった*.

　レーザーは光技術と分光学に革新をもたらし，科学と技術の諸分野に大きな波及効果を与えている．生命科学や医療から核融合に至るまで，レーザーを利用した多くの研究が進められている．光の自己集束や双安定性のように，レーザーを使うことによってはじめて見出された自然現象もある．

　レーザーの原理やレーザーの動作特性を調べる前に，この章では，レーザー光はどんな光であって，それを発生するレーザーにはどんな種類のものがあるのかを概観しておこう．

§1.1　レーザー光の特徴

　レーザーは光波の発振器あるいは増幅器であるということができる．レーザーには可視光を発生するものもあるが，目に見えない赤外線や紫外線を発生す

---

　*　レーザー発明の歴史については，電子通信学会誌，**62**(1979)，113，および，別冊サイエンス特集，量子エレクトロニクス，レーザーと光技術(1980)，6 などを見よ．

2 第1章 レーザーとは

るものもある．可視光の波長は，およそ 0.37 μm から 0.75 μm までであるが，レーザー発振は波長 0.1 μm の真空紫外から波長 1 mm 以上の ミリ波 まで知られている．しかし，実用的なレーザーの波長はおよそ 0.2 μm から 500 μm (0.5 mm) の範囲にある．レーザーは種類も多く，その大きさも 1 mm 以下の半導体レーザーから 10～100 m もある核融合実験用レーザーまであって多種多様であるが，基本的な性質はかなり共通している．

1.1.1 指 向 性

可視光レーザーの出力を見るとすぐわかるように，レーザー光は細いビームになっていて，反射や屈折させない限り，ほとんど一直線に進む．しかし，レーザー光でも完全な平行光線束ではなくて，波動光学あるいは電磁光学で知られている回折 (diffraction) のために，遠方に行くにつれて少しずつ広がる．指向性 (directivity) を表わす広がりの角 $\delta\theta$ は，レーザーを出る光束，すなわちビーム (beam) の直径を d，レーザー光の波長を λ とすれば，

$$\delta\theta \simeq \frac{\lambda}{d} \tag{1.1}$$

の関係がある．レーザー光束の断面内の強度分布と，遠方における角分布との間には，波動の回折理論でよく知られているようにフーリエ変換の関係があるが，(1.1) は比較的単純な強度分布をしているときの指向性の角のおよその大きさを示す式である (§3.7 参照)．たとえば，波長 0.6 μm の黄赤色のレーザービームの直径が $d=2$ mm であるとすると，$\delta\theta$ はおよそ 3×10^{-4} rad であって，10 m 進んでもわずか 3 mm，100 m でも 3 cm しか広がらない．

レーザー光の指向性がこのようによいのは，レーザービームの断面の中で各部分の光の位相がよく揃っているからである．光に限らず一般に波の位相が揃っていることをコヒーレント (coherent) であるという．そこで，レーザーの特徴を一言で表わすと，レーザーはコヒーレントな光を発生するということができる．レーザー光は空間的にコヒーレントであるだけでなく，時間的にもコヒーレントで，そのためにほとんど完全に単色 (monochromatic) である．これらについて詳しくは第2章で述べる．

1.1.2 単 色 性

普通の放電管やスペクトルランプの発光から1本のスペクトル線を取り出したものは単色光であるといわれているが，分解能のよい分光器で調べるとスペクトル線に幅があることがわかる．しかし，各種のレーザーの波長はそれぞれ一定であって，どんなよい分光器で調べても幅がわからない程である．しかも，波長がほとんど同じ2つのレーザーの光を1つの検出器に平行に入れると，2つのレーザーの発振周波数の差周波数の**ビート**(beat，唸り)を観測することができる．そこで，このビート周波数の変動からレーザーの周波数の変動を知ることができる．多くのレーザーの発振スペクトルの幅は1 MHz から1 GHz の範囲にあるが，安定な気体レーザーでは1 Hz 以下になることが知られている．可視光レーザーのスペクトル幅が1 GHz あっても，この幅は発振周波数の50万分の1であり，波長幅にすると1 pm (0.01 Å) に相当する．安定なレーザーでスペクトル幅が1 Hz のときには，発振周波数の純度が 10^{-15} のオーダーになっている．

普通の光源からは切れ切れの光波が不規則に出てくるのと違って，レーザー光の振動はほとんど純粋な正弦波形が長く続いている．このことは，1つのレーザー光を2つに分けて，長い光路差をつけた後で重ね合わせてもよく干渉するという実験によって確かめられる(第2章参照)．理論的極限では，レーザーの**発振周波数のゆらぎ**は自然放出(§4.3 参照)によってきまり，レーザー媒質から誘導放出される光のパワーをPとすれば，周波数 ν のゆらぎは

$$\delta\nu = \frac{2\pi h\nu (\varDelta\nu)^2}{P} \tag{1.2}$$

で与えられる*．ただし，$h = 6.626 \times 10^{-34}$ J·s はプランク定数，$\varDelta\nu$ はレーザー共振器の共振の半値半幅を表わす．

実際のレーザーでは，いろいろの原因によって共振器の共振周波数が変動し，またレーザー媒質の励起条件なども一定不変にはならないので発振周波数が変動することになる．そこでレーザー周波数安定化のためには，レーザー共振器

---

* 参考文献[1]，p. 405 参照.

4   第1章 レーザーとは

を堅固に作り，外界の振動や温度変化を避け，気圧や電磁場の変動などにも注意しなければならない.

1.1.3 エネルギー密度と輝度

レーザーの効率はあまり高くない. 普通のレーザーの出力は，入力電力の0.1%以下であり，最高でも40%に達しない. 光学実験や光計測にもっとも多く使われている小形のHe-Neレーザーの出力は1mW程度で豆電球の光よりも弱いし，大形のArイオンレーザーやYAGレーザー*の出力でも10～100Wだから蛍光灯と同じ位である. しかし，レーザー光は指向性がよいので，焦点距離の短いレンズを使うと波長の数倍以内の直径に集束することができる. このとき，焦点における光の**エネルギー密度**は非常に高い値になる. たとえば10 μm^2 の面積に集光されたレーザー光は，1mWの小出力でも**パワー密度**が10 kW/cm² = 100 MW/m² になり，100 Wの出力では1 GW/cm² = 10 TW/m²になる. このような集束レーザー光では，直流や低周波では実現できないほど高い電場ができる. 100 Wを10 μm^2 に集光したときの光電場を計算してみるとおよそ 6×10^7 V/m であり，パルスレーザーで容易に得られる瞬間出力の100 MWを集光すると，およそ 6×10^{10} V/m，すなわち600億V/mという超高電場が得られる.

レーザー光のエネルギー密度が高いことはまた，高い光子数密度が得られることを意味する. たとえば波長が0.6 μm の光子のエネルギーは 3.3×10^{-19} J であるから，わずか1mWを集光したときの10 kW/cm² のパワー密度でも毎秒 3×10^{22} 個/cm² の光子数である. 光の速さは $c=3\times10^8$ m/s であるから，このときの光子数密度は 10^{12} 個/cm³ であるし，1 GW/cm² のパワー密度ならば 10^{17} 個/cm³ という高い密度の光子数になる. このために，レーザー光を集束して物質に照射したときには，1つの原子と数個の光子とが同時に相互作用することがしばしば起こる.

前述のように，レーザー光は単色性がよいので，光のエネルギーがせまいスペクトル幅の中に集中している. そこで出力の絶対値は小さくても，**輝度**

─────────────

＊　それぞれ§1.3，§1.2参照.

(brightness)が非常に高い．レーザー光の出力パワーを P とすると，スペクトルの周波数幅が $\delta\nu$ のとき，等価的輝度温度 T_B は

$$T_B = \frac{P}{k_B \delta\nu}$$

で与えられる．ここで $k_B = 1.38 \times 10^{-23}$ J/K はボルツマン定数である．一例として，$P = 1$ mW，$\delta\nu = 1$ Hz とすれば，輝度温度はおよそ 10^{20} K という超々高温になる．出力が大きく $P = 10$ W あるとき，スペクトル幅が広くて $\delta\nu = 1$ MHz としても，$T_B = 10^{17}$ K となる．いずれにしても，太陽や電灯の輝度温度が 10^4 K 程度であるのにくらべて桁違いに高い．

1.1.4 超短光パルス

レーザー光の振幅と位相は，ほとんど一定になるように発振させることができるが，それらは高速度で変化させることもできる．通常，マイクロ波周波数までの AM(振幅変調)や FM(周波数変調)が可能であって，パルスにすれば 1 ns 以下の狭いパルス幅にすることができる．レーザー発振器の外に変調器をおく方法では，外部変調器の帯域幅が限界をきめるが，変調器をレーザー共振器の中に入れる内部変調方式では，主としてレーザー媒質の利得帯域幅が限界を与える．

普通のエレクトロニクスでは 1 ns 前後がパルス幅や応答時間の限度になっているのに対し，レーザーではその 1000 分の 1 の 1 ps(ピコ秒 $= 10^{-12}$ s)から，最近ではサブピコ秒とよばれる 0.1～1 ps の**超短光パルス**を発生し，0.1 ps あるいはそれ以下の短時間の測定も可能になってきている．光の速さは

$$c = 299\ 792\ 458 \text{ m/s} \doteqdot 3 \times 10^8 \text{ m/s}$$

であるから，1 ps の光パルスの長さはわずか 0.3 mm しかないので，光線というよりは光の薄膜が飛んでいるようなものである．

パルス発振レーザーの**尖頭出力**(peak power)は**連続発振**(continuous wave, 略して cw)の出力よりもずっと高い．小出力でも 1 MW 以上，大出力では，1 GW 以上もあって，さらにレーザー増幅器で増幅すれば 1 TW 以上まで得られている．したがって，このような大出力レーザーパルスを集束すると，時間

6 　第1章　レーザーとは

的，空間的にエネルギー密度が極めて集中した高い値になる．

　しかし光のエネルギーを時間的に集中すればするほど，スペクトル的には広がってしまう．包絡線がガウス形をしたパルス光のスペクトルは中心周波数のまわりにガウス分布し，パルスの半値全幅(full width at half maximum)を τ_p，そのスペクトルの半値全幅を $\delta\nu_p$ とすれば

$$\tau_p \delta\nu_p \geqq (2/\pi)\ln 2 = 0.44$$

の関係がある．そこで，1 ps のレーザーパルスのスペクトル幅は 440 GHz 以上になる．これはサブミリ波の周波数に相当し，レーザーがそれだけ広帯域，高速度特性をもつことを示している．

§1.2　固体レーザー

　鋭い蛍光スペクトル線をもつ結晶またはガラスを強い光で励起して，蛍光の波長で発振または増幅するレーザーを固体レーザー(solid-state laser)とよんでいる．媒質としては固体であっても，半導体レーザーやプラスチックレーザーは，普通は固体レーザーの分類に入れない．

　1960年6月に初めて発振に成功したレーザーは固体のルビーレーザーである．固体レーザー材料は，透明で耐熱性のある硬い結晶またはガラスに遷移金属，希土類元素などを活性原子イオンとして含んでいる．レーザー用ルビーは，Al_2O_3 の結晶(サファイヤ)に Cr^{3+} を 0.01〜0.1% 含んだもので*，波長 694 nm の発振や増幅に用いられる．

　現在，レーザー加工機などにもっとも実用的な固体レーザーは **YAG**(ヤグ)レーザーであって，これは $Y_3Al_5O_{12}$(yttrium aluminum garnet)の結晶に Nd^{3+} を 0.1〜1% 含み，波長 1.06 μm，ときには 1.32 μm で用いられる．その他，$CaWO_4$, CaF_2 などの結晶に Nd^{3+}, Pr^{3+}, Ho^{3+}, Er^{3+}, Tm^{3+}, U^{3+} などの3価イオンを含むものが約30種類，CaF_2 や SrF_2 に Sm^{2+}, Dy^{2+} などの2価イオンを含む少数の結晶が，レーザー材料として知られている．これらのレーザーの発振波長は 1.0〜2.6 μm の近赤外域にあるが，最近，紫外から赤外にわた

　＊　重量比で 0.01〜0.1% の Cr_2O_3 を含むことを通常このように称している．

る広い範囲に発振波長をもつレーザー材料として，YLiF$_4$ (yttrium lithium tetrafluoride, YLF と略称) が開発されている．不純物として Ce^{3+} を入れると 325 nm と 309 nm, Tm^{3+} では 453 nm, Tb^{3+} では 545 nm, その他 Pr^{3+}, Ho^{3+}, Er^{3+}, Nd^{3+} で数本の発振線があり，最長波長は Ho^{3+} で 3.9 μm である．

　固体レーザーは通常，図 1.1 に示すようになっている．上に述べたようなレーザー材料を円筒形に削って，その両端面を平行になるように研磨したものをレーザーロッド (laser rod) という．向き合った 2 枚の反射鏡の間にロッドを入れ，まわりにフラッシュランプを 1 本ないし数本おいて瞬間的に強い光をあてると，パルス発振が起こる．レーザーロッドの代表的な大きさは，直径 6 mm, 長さ 6 cm であるが，ときには長さが 1 cm 以下のものや 30 cm 以上のものが使われる．YAG など少種類のレーザーは，連続発光する光源で励起すれば連続発振させることもできる．普通の YAG レーザーでは連続出力 10~100 W 程度が得られる．パルス幅が 10 ns~1 ms のパルス発振では，1 つのパルスの出力エネルギー 50 mJ~10 J を，繰返し周波数 100 Hz~1 Hz で得ることができる．ルビーの連続発振は困難で，連続出力 1 mW あまりしかないが，パルスではパルス幅 (10 ns~1 ms) や材料などによって異なるが，尖頭出力 1~100 MW が得られる．

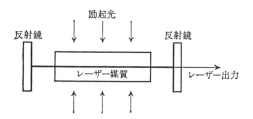

図 1.1　光励起固体レーザー

　ガラスレーザーは，1~5% の Nd^{3+} を含むケイ酸ガラス (silicate glass), リン酸ガラス (phosphate glass), またはフッ酸ガラス (fluoride glass) を用い，1.05~1.06 μm の波長で発振する．ルビーや YAG などでは大きな結晶を作るのは非常に困難であるが，ガラスでは光学的に均一で大きなレーザー材料を比較的容易に作ることができる．このため，ガラスレーザーは慣性閉じ込め核融合の

8 第1章 レーザーとは

研究など，きわめて高出力のレーザー増幅器に用いられるが，ガラスは熱伝導率が低いのでパルスの繰返しを非常に遅くしなければならない．

　最近，少量の不純物としてではなくて主成分として Nd^{3+} を含む結晶で，高速繰返しまたは連続発振する小形固体レーザーの研究が進んでいる．NPP (neodimium pentaphosphate, NdP_5O_{14}), LNP (lithium neodimium phosphate, $LiNdP_4O_{12}$) などと略称される結晶を 1 mm 以下の薄板にして Ar イオンレーザーの光などで励起すると，約 1.05 μm を発振する．

　大多数の固体レーザーは，発振波長が 1% 以内しか変えられないが，もっと広い範囲に波長可変な固体レーザーが最近開発されている．$BeAl_2O_4$ に不純物として Cr^{3+} を含むアレキサンドライト (alexandrite) のレーザー発振は，波長が $0.70\sim0.82$ μm, Ti^{3+} を含むサファイア (Ti-sapphire) では $0.69\sim1.10$ μm までも波長可変であって，いずれもかなり出力が大きい．近赤外では MgF_2 に不純物として Ni^{2+}, Co^{2+} などを含む結晶でそれぞれ $1.6\sim2.0$ μm, $1.6\sim2.3$ μm の範囲に波長可変なレーザーが作られている．また，各種のハロゲン化アルカリ結晶の色中心 (color center) レーザーは，数種類を用いて $0.9\sim3.3$ μm の範囲を連続的にカバーすることができ，分光研究用に市販されている．

§1.3　気体レーザー

　1960 年 12 月に最初に連続発振したレーザーはヘリウムとネオンの混合気体放電による 1.15 μm の **He-Ne** レーザーであった．その後気体を媒質とするレーザーの種類は非常に増え，**気体レーザー** (gas laser) は真空紫外の 100 nm 程度から遠赤外あるいはミリ波までの広い波長範囲でこれまでに 5000 本以上の発振線が知られている[*]．励起には放電によるものと光照射によるものが多いが，その方法や励起機構は多種多様である．

　気体レーザーはレーザー媒質の種類によって分けると，中性原子レーザー，イオンレーザー，分子レーザー，エキシマーレーザーなどになる．励起方法で

---

[*] R. Beck, W. Englisch and K. Gürs : *Tables of Laser Lines in Gases and Vapors*, 3rd ed., Springer-Verlag, 1980 を参照．

分けると，放電励起レーザー，化学レーザー，光励起レーザー，電子ビーム励起レーザーなどがある．放電励起にも，直流放電，高周波放電，パルス放電，ホローカソード放電などいろいろの型の放電が用いられている．励起機構には，電子衝突励起，励起原子との衝突によるエネルギー移乗，分子の解離，イオンと電子の再結合，共鳴吸収，共鳴放射の閉じ込めなどさまざまの過程がある．

1.3.1 気体原子レーザー

中性気体原子レーザーの中でもっとも代表的なのはHe-Neレーザーであって，そのエネルギー準位の概略を図1.2に示す*．放電によって生成された準安定状態の2^1Sまたは2^3S準位のHe原子と基底準位のNe原子が衝突すると，Heの励起エネルギーがNeに移され，Neの2sおよび3s準位の原子数分布が大きくなる．これらから下の準位への遷移によって，1.15 μm，0.63 μm，およ

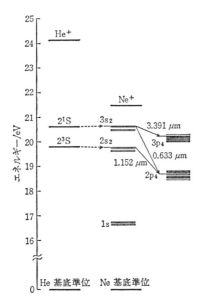

図1.2 He-Neレーザーのエネルギー準位図

---

* ^{1}Sは原子内の全電子スピン角運動量$S=0$の1重項(singlet)で軌道角運動量$L=0$を意味する．また，^{3}Sは$S=1$の3重項で$L=0$を意味する．なお，$L=1,2,3,\cdots$はそれぞれP, D, F, $\cdots$で表わす．

10　第1章　レーザーとは

び 3.39 μm とその付近でそれぞれ数本の線で発振する．それらの中の代表的発振特性を表 1.1 に示す．633 nm の He-Ne レーザーは，出力は小さいがもっとも安価で小形の可視光（赤）気体レーザーであるから，光学実験，計測，あるいは展示用に多数市販されている．

表 1.1　主な He-Ne レーザーの特性

波長/μm	遷　　移 (Paschen 記号)	管の長さ /cm	管径/mm	最大出力 /mW
0.6328	$3s_2 \rightarrow 2p_4$	15	1	1
0.6328	$3s_2 \rightarrow 2p_4$	180	3	80
1.1523	$2s_2 \rightarrow 2p_4$	100	7	20
3.3913	$3s_2 \rightarrow 3p_4$	100	3	10

　純 Ne のレーザーでは，遠赤外まで多数の発振線が知られている．He, Ar, Kr, Xe でも，放電励起による発振線が多数見出されているが，分光研究用の他にはあまり実用的でない．

　普通アルゴンレーザーとよばれているのは，中性 Ar 原子ではなくて，Ar イオンレーザーである．Ar を封入したレーザー管に数十 A という大きな放電電流を流すことによって，Ar イオンのスペクトル*で緑から紫外まで，514.5 nm, 488.0 nm など 20 本以上の線で発振する．強い線では 10 W 以上，弱い線でも約 100 mW の出力がある．同様の Kr イオンレーザーでは 647.1 nm の赤から紫まで約 20 本の発振線がある．これらのイオンレーザーの市販品は 1～10 W の出力のものが多く，後述の色素レーザーの励起，前述の小形固体レーザーの励起，各種の分光用光源，医療用その他に使われている．

　水銀以外の金属も高温に加熱したり，ホローカソード (hollow cathode) 放電を使ったりして蒸発させれば，金属原子や金属原子イオンのレーザー発振が得られる．これらは**金属蒸気レーザー** (metal vapor laser) とよばれ，可視光や近紫外の発振効率が高いレーザーであるが，金属蒸気とその中の放電を長時間安定に保つのが困難なため，まだ開発中のものが多い．Cd^+ で 441.6 nm と 325 nm を連続発振する He-Cd レーザーはすでにかなり普及している．その他，

---

　*　分光学の記号では，中性 Ar, Ar^+, Ar^{2+} をそれぞれ ArI, ArII, ArIII と表わす．

Hg^+, Se^+, Zn^+, Sn^+, Cu^+, Ag^+, Au^+, In^+, Pb^+, Ge^+, Al^+, Tb^+ などでの発振が知られている．中性金属原子では Pb, Mn, Cu などで尖頭出力 1 kW 以上のパルス発振が得られるが，Pb でも 800°C，Mn や Cu では 1400°C 以上の高温が必要である．Cu レーザーでは，1～10 kHz の高速繰返しで，平均出力 1 % 程度の効率で得られる．しかも波長が 578.2 nm の黄と 510.6 nm の緑であるから，用途は広い．適当な塩化物を用い，500°C 以下で放電解離する Cu 蒸気で動作するレーザーもあるが，出力と寿命が劣る．

　大部分の**非金属元素**でもレーザー発振が起こる．適当な気体分子を放電によって解離すると励起状態の原子を生じるので，それによってレーザーができる．このようにして，O, Br, I, Cl, F, C, N, S, As などでのレーザー発振が得られる．これらの中で，CH_3I や C_3F_7I の解離で生じる I 原子による 1.31 μm のレーザーは，ソ連と西ドイツでレーザー核融合の研究用に尖頭出力 100 GW 以上の発振増幅システムが作られている．

　今では，自然に産出する 91 種類の元素の中で気体原子レーザーの発振ができないのは，Li と Cr を除くと，Y, Pt, W などのように沸点が約 3000 K 以上の元素と，純粋気体としては極く少量しか得られない放射性元素 Po, At, Rn などだけである．したがって，レーザー作用は特定の原子でだけ起こるのではなく，原則的にはすべての種類の原子で起こり得ると考えられる．

1.3.2　分子レーザー

　多原子分子は原子（単原子分子）と違って多数の振動および回転のエネルギー準位をもつので，分子スペクトルは極めて多数のスペクトル線から成る．レーザー媒質になる気体分子の種類は少なくないが，その大部分は比較的軽くて小さな分子である．各種の分子レーザーの中で代表的な数種類のレーザーについて次に説明しよう．

　N_2 レーザーは短パルス放電励起によって 337 nm を発振する紫外レーザーとして知られているが，0.31 μm の紫外から 8.2 μm の赤外までに総数 400 本以上の発振線がある．通常は数 ns のパルス幅で，337 nm のほか 316 nm，358 nm などで尖頭出力が小形のものでも 100 kW，大形では 10 MW 以上までである．

12   第1章   レーザーとは

N_2 レーザーの励起には $30\sim40\,kV$ の高圧電源を要し，また，エネルギー準位の性質から連続発振させることはできない．

N_2 レーザーと同様にして，H_2 分子のパルス放電では $110\sim162\,nm$ の遠紫外に多くの発振線が見出されている．これは 1970 年以来，もっとも短波長を発振するレーザーとして有名であるが，尖頭出力が $10\sim100\,W$ という小出力であるため，実用的ではない．

CO_2 レーザーは，通常二酸化炭素レーザーまたは炭酸ガスレーザーとよばれ，高い効率で波長 $10\,\mu m$ の赤外を連続発振するので，もっとも実用的な分子レーザーである．その構造，励起方法，性能など，非常に多種多様のものがある．発振線の総数は，同位体分子（$^{18}CO_2$ など）によるものを入れると 1000 本近いが，主なものは $9\sim11\,\mu m$ にある．その中の単一スペクトル線で発振させるためには，レーザー共振器の一部に回折格子を使うのが普通である．反射鏡だけを用いると，波長 $10.6\,\mu m$ 付近の数本で同時発振することが多い．出力は小さいものでも約 $1\,W$，大きいものでは $10\,kW$ 以上に達し，レーザー加工や加熱のための光源として多方面への応用がある．

CO_2 は線形 3 原子分子であるから，3 つの振動モード ν_1, ν_2, ν_3 がある．図 1.3 に示すように，ν_1 は対称的伸縮振動，ν_2 は屈曲振動であって 2 重に縮退し，ν_3 は反対称的伸縮振動である．それぞれの振動モードの量子数を v_1, v_2, v_3 で表わし，振動状態を $(v_1\ v_2\ v_3)$ と書く．振動基底状態は $(0\ 0\ 0)$ であって，CO_2 レーザーで主に関係する準位を図 1.4 に示す．この図で準位のエネルギーおよび遷移周波数の値は，分光学で慣用されている波数単位 cm^{-1} で示されている．波数が $\tilde{\nu}\,cm^{-1}$ の光の周波数はおよそ $\tilde{\nu}\times30\,GHz$，エネルギーは $\tilde{\nu}\times1.9864\times10^{-23}\,J$．

純 CO_2 の放電でもレーザー作用を生じるが，普通の CO_2 レーザーの媒質は He と N_2 と CO_2 の混合気体である．N_2 の振動励起状態 $v=1$ は準安定状態であって，そのエネルギーは図 1.4 に示すように CO_2 の ν_3 振動のエネルギーに近い．そのため，共鳴的にエネルギー移乗が起こり効果的な励起が行なわれる．さらに，分子の振動エネルギー準位はほぼ等間隔であるから，N_2 と CO_2 の高

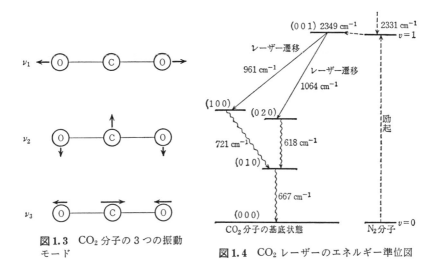

図 1.3 CO$_2$分子の3つの振動モード

図 1.4 CO$_2$レーザーのエネルギー準位図

次振動励起エネルギーも，有効に寄与する．媒質中の He の作用は，放電を安定にし，レーザー遷移の下準位，(1 0 0)と(0 2 0)，の分布を減らすことであると考えられている．

図に示すように，レーザー遷移は 961 cm^{-1} すなわち 10.4 μm バンドの (0 0 1)→(1 0 0) と 1064 cm^{-1} すなわち 9.4 μm バンドの (0 0 1)→(0 2 0) である．回転の量子数を J とすれば，$J-1 \to J$ 遷移の P 枝 (P-branch) の線 P(J) と，$J+1 \to J$ 遷移の R 枝 (R-branch) の線 R(J) とがある．CO$_2$分子の対称性のために，レーザー遷移の下準位の回転量子数は J が偶数のものでだけ起こり，各枝でそれぞれ 30 本以上の発振線がある．

普通の連続発振 CO$_2$ レーザーでは，全圧力 $10^2 \sim 10^3$ Pa (1 Pa = 7.5 mTorr) の媒質の中の直流放電を用いる．大気圧に近い $10^4 \sim 10^5$ Pa という高圧では，放電長を短くするため管軸と垂直に多数のパルス放電を並列に起こせば，10 MW から 100 MW 以上の尖頭出力をもつレーザーができる．これを**横励起大気圧レーザー** (transversely excited atmospheric laser)，略して **TEA レーザー**という．針状の電極を並べたもの，棒または板状の電極を使うものなどがあって，主放電を制御するのに予備放電または電子ビームによってトリガーする．

CO_2 レーザーよりも出力は小さいが N_2O レーザーは 10~11 μm, CO レーザーは 5~6.5 μm にそれぞれ 100 本近い発振線をもつ. 最近は高出力の CO レーザーも作られ, 効率も CO_2 レーザー同様 10~30% に達している. その他, NH_3, OCS, CS_2 などの多原子分子も赤外でレーザー発振する. SO_2, HCN, DCN, H_2O, D_2O などでは波長 30 μm 以上サブミリ波までに多くの遠赤外レーザー発振線がある.

光励起遠赤外レーザー (optically pumped far-infrared laser) は, CH_3F, CH_3OH, HCOOH などの分子を共鳴吸収波長の CO_2 レーザー光などで励起することによって遠赤外を発振する. これまでに 1000 本以上の発振線が知られていて, 多くはパルスでだけ発振し, 出力はあまり大きくないが, 効率は比較的高く, 尖頭出力 1 MW 以上の大出力のものもある. 連続励起すれば連続発振するものも少なくない. これらは, 従来よい光源のなかった遠赤外域の研究に重用されている.

エキシマーレーザー (excimer laser) は短波長で効率の高い大出力レーザーとして最近発達している. エキシマー (またはエクサイマー) は基底状態では不安定分子であるが, 電子励起状態では安定に結合している 2 原子分子である. 1970 年に最初に波長 173 nm で発振した Xe_2 のエネルギー準位を原子間距離の

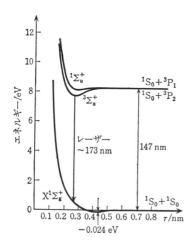

図 1.5 Xe_2 のエネルギー準位と原子間距離との関係. X は電子基底状態を表わす記号. Σ は 2 原子分子の全電子軌道角運動量の分子軸方向の成分が 0 となる電子状態を意味し, 分子の中心に対する座標反転で軌道波動関数の変わらないものを g (偶), 符号の変わるものを u (奇) で示し, さらに右肩の ± は分子軸を含む面に対する鏡映をしたときの対称性を表わす.

§1.4 色素レーザー 15

関数として図1.5に示す．他の希ガスエキシマーでも同様で，電子ビーム励起または放電励起により Kr_2 は 146 nm，Ar_2 は 126 nm といういずれも真空紫外域でパルス発振し，尖頭出力 10～100 MW が得られる．

その後希ガスハライド (rare gas halide) のエキシマーレーザーが発展し，より高い性能が得られている．XeCl, KrF, ArF のような異種原子のエキシマーは，ヘテロエキシマーまたはエキサイプレックスともよばれるが，それぞれ 308 nm，249 nm，193 nm のパルス発振レーザーの研究が 1975 年以来進んでいる．数 ns のパルス幅で少なくとも 10 MW，大きいものでは 1 GW 以上の尖頭出力があり，光化学の研究などに盛んに用いられ，慣性閉じ込め核融合用のレーザーとしても研究が進められている．

化学レーザー (chemical laser) で代表的なのは，波長約 2.7 μm で大出力を発振する HF レーザーである．これは H_2 と F_2 との化学反応で振動励起状態の HF 分子が生成されることを利用してレーザー作用を起こすものである．実際には反応を制御しやすいように，F_2 の代わりに SF_6 を用いたり少量の O_2 を加えたりして，パルス放電や電子ビーム照射によって反応を開始させる．F 原子が遊離されると，発熱反応

$$F + H_2 \longrightarrow HF^* + H$$

$$H + F_2 \longrightarrow HF^* + F$$

が進行して，多数の振動励起分子 HF^*（$*$ は励起状態を示す）が生成し，基底状態の分子はほとんどできない．そこで，$v = 3 \to 2,\ 2 \to 1,\ 1 \to 0$ の遷移などでレーザー発振が起こる．化学反応の進行速度は音速の程度だから，パルス幅は μs オーダーで，1 パルスの出力は 1 J ぐらいから 1 kJ 以上のものまである．DF, HBr などの化学レーザーは HF より長波長で，出力は HF よりも小さい．

§1.4 色素レーザー

エタノール，シクロヘキサン，トルエンなどを溶媒とする有機色素 (organic dye) の希薄溶液を光励起するとレーザー作用が起こる．これが**色素レーザー** (dye laser) であって，色素の蛍光スペクトル幅は広い（100～200 cm^{-1}）ので，

回折格子やプリズムを併用すれば，容易に発振波長を変えることができる．励起光源には，フラッシュランプ，ArまたはKrイオンレーザー，N_2レーザー，KrFレーザー，Cuレーザー，あるいは固体レーザーの高調波などを用いる．パルス発振が1966年に成功して以来，500種類以上の色素でレーザー発振が知られている[*]．しかし連続発振する色素の種類はかなり少ない．実際には，約10種類の色素を使えば可視域のどんな波長でも発振することができる．N_2レーザー励起色素レーザーの例を図1.6に示す．

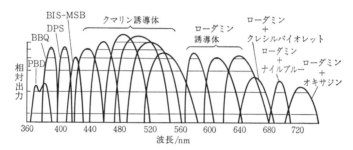

図1.6 各種の色素を用いたN_2レーザー励起色素レーザーの発振波長と出力(モレクトロン社)

　色素レーザーの効率は比較的高いが，励起光によって色素が加熱され，劣化するので，連続発振させるためには，色素溶液を循環し冷却する．容器による光損失を避けるために，リボン状ジェット流にすることが多い．こうして連続発振出力は1W以上になるものもあるが，普通は10〜100mWである．パルスの尖頭出力は1kW以上で，増幅すれば100MW以上にもできる．また，モード同期レーザー(§9.4参照)の出力パルス列で色素レーザーを励起して同期パルスを発振させることによって，最も短いものでは0.1 ps以下の超短光パルスまで発生されている．

　色素レーザーは液体を媒質にしているので取扱いが不便で，そのために用途が限定されている．しかし可視域で最も便利な波長可変レーザーであるから，分光研究や分光分析用として各種の色素レーザーが市販されている．

---

[*]　前田三男：レーザー研究, 8(1980), 694, 803, 958；同, 9(1981), 85, 190.

§1.5 半導体レーザー

半導体レーザー(semiconductor laser)は光励起や電子ビーム励起でも発振するが，pn 接合の電流注入によって発振すること，また他のレーザーにくらべて著しく小さいことが特徴である．半導体レーザーは 1957 年以来提案されていたが，1962 年に初めて低温でのパルス発振が成功し，1970 年に室温での連続発振が実現されて以来，主として光ファイバー通信の光源として急速に発達した．

一般に結晶のエネルギー準位は，禁止帯の上に伝導帯，下に価電子帯があるが，半導体では伝導帯に電子がほとんどなくて価電子帯には電子がほとんど完全に充満している．そのため，電流のキャリヤー(carrier，運び手)となる電子も正孔(positive hole，電子のあな)も少ないので電流が流れにくい．ある種の不純物を含む n 型半導体では，かなりの数の電子が不純物準位から伝導帯に熱的に励起され，他種の不純物を含む p 型半導体では，価電子帯の電子が不純物準位に励起されて，かなりの数の正孔を生じているので，いずれも電流が比較的よく流れるようになる．

p 型と n 型の接合した半導体は，**pn 接合**(pn junction)とよばれている．n 型に対して p 型の方に負の電圧をかけたときには電流がほとんど流れないが，p 型の方に正の電圧をかけると電流がよく流れる．このとき，p 型半導体の正孔は n 型の方に流れこみ，n 型半導体の伝導電子は p 型の方に流れこむ．電子と正孔が出会うと結合して禁止帯幅のエネルギーをもつ光子を放出する．発光ダイオード(light-emitting diode, LED)はこの現象を利用した小光源である．電子と正孔が再結合するとき，フォノンを出さないで光子だけを放出するものを**直接遷移**(direct transition)，フォノンと光子とを放出しないと運動量が保存されないようなものを**間接遷移**(indirect transition)とよんでいる．

図 1.7 は単純な半導体レーザーの構造を示す．これは直接遷移の起こる半導体の pn 接合面に垂直な両端面を平行平面にして*，p 型半導体につけた電極に正電圧，n 型の方の電極に負電圧をかける．たとえば GaAs の pn 接合に室温

---

* 普通はへき開面を利用して作る．

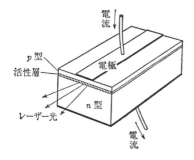

図1.7 簡単な半導体レーザー

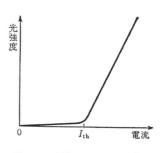

図1.8 半導体レーザー電流と出力との関係

では数十 kA/cm², 液体窒素温度ではおよそ 1 kA/cm² 以上の電流を流すと, 波長が約 0.85 μm のレーザー発振が起こる. 半導体レーザーの出力光の指向性はあまり鋭くなくて, 5°～30° ぐらいに広がっているが, それは 2～20 μm 程度の小さい断面から光が出ているためである. 出力光の強さと電流との関係は図1.8のようになり, ある電流値 I_{th} より電流が大きくなると光強度が急に増大し, I_{th} 以下の電流では発光が弱い. I_{th} を**レーザー発振開始電流またはしきい値(threshold)電流**という. 電流がしきい値より小さいときの発光は, 指向性も悪く, スペクトル幅も広くて, 発光ダイオードと同様であるが, しきい値を超えるとスペクトル幅がせまくて指向性のあるレーザー光が出てくる.

Si や Ge では直接遷移が起こらないのでレーザーができないが, InP では波長 0.91 μm, InAs では 3.1 μm, InSb では 5.2 μm のレーザーができる. 発振波長は温度や電流の値によって少し変わる. また, 外から加えた磁場や圧力によっても波長が変化し, 数十%変わる場合もある. 2種類の材料, たとえば InAs と GaAs の混合結晶 $In_xGa_{1-x}As$ の pn 接合を作れば, 混合比 x を変えることによって, 0.9 μm から 3.1 μm までの波長を発振させることができる. このような各種の3元半導体レーザーの発振波長範囲を図1.9に示す.

初期の半導体レーザーは単一の材料で pn 接合を作った**ホモ接合(homojunction)**であるが, 最近のものはたいてい2種類の半導体の**ヘテロ接合(heterojunction)**で作られている. たとえば, GaAs と $Al_xGa_{1-x}As$(以下, 略してAlGaAsと書く)とを比べると, AlGaAs の禁止帯のエネルギー幅は GaAs よ

§1.5 半導体レーザー　19

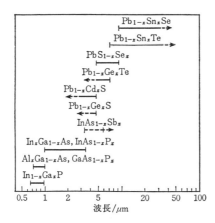

図1.9 各種の3元半導体レーザーの発振波長範囲

り大きく，屈折率は小さいので，AlGaAsとGaAsのヘテロpn接合を作ると，屈折率の大きいGaAsの中に光が集まり*，またキャリヤーの電子も正孔も禁止帯幅のせまいGaAsの側に集中する．そこでレーザー作用をする薄いGaAsの**活性層**(active layer)の両側にそれぞれp型のAlGaAsとn型のAlGaAsとのヘテロ接合を作れば，図1.10に示すように，活性層の付近に光もキャリヤーも共に閉じ込められる．そうすると，光とキャリヤーとの相互作用が強く起

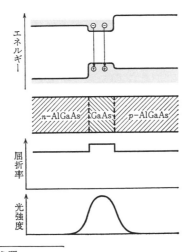

図1.10 DH構造レーザーのエネルギー準位，屈折率，および発振したレーザー光の分布

---
*　§3.6参照．

こるだけでなく，無用の光の損失とキャリヤーの損失が小さくなるので，レーザー発振が起こりやすくなる．このような pn 接合を**ダブルヘテロ接合**または**ダブルヘテロ構造**(double heterostructure)，略して DH 構造という．GaAs と AlGaAs の DH 構造レーザーの電流密度のしきい値は，室温でも $1\,\mathrm{kA/cm^2}$ 以下になるので，適当な冷却をすれば連続的に発振することができる．

　DH 構造では，異種の半導体結晶の格子定数ができるだけよく合っていることが必要である．そうでないと，格子欠陥のためにキャリヤーの寿命が短くなってしきい値が上がるだけでなく，急速に劣化が進む．波長 $1.2 \sim 1.7\,\mu\mathrm{m}$ の DH レーザーでは，3元化合物では格子定数の整合が得られないので，4元化合物 $\mathrm{Ga}_x\mathrm{In}_{1-x}\mathrm{As}_y\mathrm{P}_{1-y}$ が用いられている．x か y か一方を変えれば波長が変わるが，結晶成長させる基板（普通は InP）と格子定数を合わせるために x と y の値がきまってくる．図 1.7 のようなレーザーを DH 構造にすれば，接合面に垂直方向の光の分布は薄い活性層のところに集中しているが，横（水平）方向の分布は広がっていて，電流などが少し変わると変化しやすい．図 1.7 では上側の電極の幅をせまくしたいわゆるストライプ(stripe)構造にして中央部でだけ発振するようにしてあるが，これでは横方向のレーザー光の分布を安定に閉じ込めるのに不充分である．そこで活性領域を厚さの方向だけでなく，横方向にもせまい幅の中だけに限る半導体レーザーの構造が種々考案されている．その中の一例として，**埋め込みヘテロ構造**(buried heterostructure)の断面を図 1.11 に示す．これは GaAs（普通は少量の Al を含む）が活性層になるように AlGaAs との DH 構造を作った後，数 $\mu\mathrm{m}$ 幅のマスクをつけて中央部だけ残し

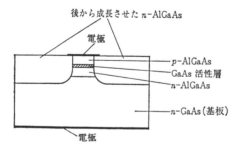

図 1.11　埋め込みヘテロ構造 (BH 構造) レーザーの断面

て両側をエッチングして取り去り，そこへ再び n 型 AlGaAs を結晶成長させて作る．このようにすると活性層はそれよりも屈折率の小さい AlGaAs で上下左右から囲まれ，またキャリヤーも中央部だけに注入されるので，長方形断面の導波管の中を伝わるマイクロ波のようなレーザー光が発生する．

半導体レーザーの長さは，通常 $100 \sim 500\ \mu m$，活性層の厚さは $0.1 \sim 2\ \mu m$，幅は $2 \sim 20\ \mu m$ であって，連続発振出力 $1 \sim 100\ mW$ が得られる．しかし波長 $3\ \mu m$ 以上の長波長での出力は小さい．パルス発振の尖頭出力は $1 \sim 10\ W$ 以上であって，ピコ秒パルスを発生することもできる．

§1.6 その他のレーザー

上述の各種レーザーと同類のレーザー媒質を用いるけれども，変わった方法で励起するレーザーもある．詳しくは述べないが，針金を大電流で爆発させたときの光による励起，原子炉から出る放射線による励起，衝撃波やジェット噴流などを用いる気体運動学的(gas-dynamic)励起，プラズマ利用励起などいろいろある．

また構造的に異なるレーザーで重要なものには，リングレーザー，導波路型気体レーザー，ブラッグ反射または分布フィードバックを用いる半導体レーザーや色素レーザーなどがある．固体レーザーや気体レーザーに用いる共振器にも，周波数特性やモード特性を改良した複合共振器の他，出力特性を著しく変える不安定共振器(unstable resonator)など各種のものが使われるようになっている．

これまでに述べたものとは原理的に異なるレーザーとしては，**ラマンレーザー**(Raman laser)，**自由電子レーザー**(free electron laser)などを挙げることができる．ラマンレーザーは，気体，液体，あるいは固体の適当な物質に強いレーザー光を入射したときに生じる誘導ラマン効果を利用して，入射光とはある周波数だけ異なる周波数のレーザー光を発生するものである．ラマンレーザーに類似したものに**光パラメトリック発振器**(optical parametric oscillator)がある．これは，非線形光学結晶に周波数 ν_p のレーザー光を入れたとき，ν_p を分

割して $\nu_p = \nu_i + \nu_s$ となるようなアイドラー周波数 ν_i と信号周波数 ν_s の光を生ずるもので，適当な共振器を使うことによって，周波数 ν_s の発振器または増幅器になる．自由電子レーザーは高速電子ビームを空間変調された静磁場や高周波電磁場の中に通すことによって変調し，それによってコヒーレントな光を発生させるものである．発振周波数を広範囲に変えられること，高い効率と大出力が期待されることなどの特徴があるので，理論的，実験的研究が急速に進みつつある．光パラメトリック発振器や自由電子レーザーは，量子的共鳴を用いていないからレーザーとは別であるという考え方もあるが，発生される光の性質はレーザー光と同類のコヒーレントな光であるから，レーザーの一種だといってもよいだろう．

光のコヒーレンス

_____ 第 2 章

　光の干渉や回折現象は，いろいろの実験で知られている．以前は，いわゆる単色スペクトル光源を使って暗室の中で実験した干渉や回折が，今ではレーザー光源を用いることによって普通の室内でもきれいに観察できる．光が干渉や回折を起こすのは，光が波動の性質をもっているからである．

§2.1　ヤングの実験

　光の波動性を示す多くの実験の中でもっとも代表的なのはヤング(Young)が初めて1801年に行なった実験であって，**ヤングの実験**とよばれている．図2.1に示すように，光源Sの近くに間隙のせまいスリットP_0をおき，このスリットを通り抜けて回折した光が次の遮光板Bにある2つのスリットP_1, P_2を通るようにすると，右方にあるスクリーンCの上に細かい**干渉縞**が見える．この縞の間隔は次のようにして説明される．

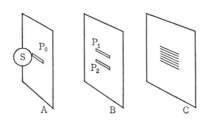

図2.1　ヤングの実験．Sは光源，P_0, P_1, P_2 はスリット，Cはスクリーン．

　図2.2に示すように，スリットP_0からスクリーンに向かう方向にx軸をとる．スクリーンやスリットはx軸に垂直で，第1スリットP_0はz軸上にあるとする．2つのスリットP_1, P_2はz軸に平行で$x=l_0$，$y=\pm a$の位置にあると

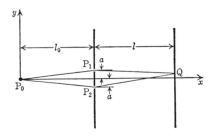

図2.2 ヤングの実験における2つの光路

する.P₀を出てP₁, P₂を通って$x=l_0+l$にあるスクリーン上の点$Q(l_0+l, y)$に達する光の干渉を考える.P₀からP₁を通ってQに至る光路の長さは

$$s_1 = \overline{P_0P_1} + \overline{P_1Q} = \sqrt{l_0^2+a^2}+\sqrt{l^2+(y-a)^2}$$

であり,P₀からP₂を通ってQに至る光路の長さは

$$s_2 = \overline{P_0P_2} + \overline{P_2Q} = \sqrt{l_0^2+a^2}+\sqrt{l^2+(y+a)^2}$$

である.そこで2つの光路長の差は

$$s_2-s_1 = \sqrt{l^2+(y+a)^2}-\sqrt{l^2+(y-a)^2}$$

になる.スクリーンが遠方にあって,$l \gg a$, $l \gg y$ のときには

$$s_2-s_1 = \frac{2ay}{l} \tag{2.1}$$

と近似することができる.

P₁, P₂を通ってQに達する光の振幅をそれぞれA_1, A_2, 角周波数をωとすれば,Q点における光の振幅は2つの波を重ね合わせ

$$A_1 \cos(\omega t - ks_1) + A_2 \cos(\omega t - ks_2)$$

で表わされる.ただし$t=0$でP₀における位相を0とした.光の速さをc, 波長をλとすれば,kは波長定数(wavelength constant)または位相定数で

$$k = \frac{\omega}{c} = \frac{2\pi}{\lambda} \tag{2.2}$$

である.kを波数ということもあるが,分光学で波数は$\tilde{\nu}=1/\lambda$(単位はcm^{-1})の意味に用いる.

Q点における光の強度Iは振幅の2乗の時間平均で表わされるから,

$$I = \frac{1}{2}A_1{}^2 + \frac{1}{2}A_2{}^2 + A_1 A_2 \cos k(s_2 - s_1) \qquad (2.3)$$

となることがわかる．ここで $\sin^2 \omega t$ の時間平均は $1/2$ になることを用いた．
(2.3) を見ると，$k(s_2 - s_1) = 2n\pi$ $(n = 0, \pm 1, \pm 2, \cdots)$ で光の強度は最大になり，
$k(s_2 - s_1) = (2n+1)\pi$ で最小になる．すなわち，$s_2 - s_1 = n\lambda$ で明るく，$s_2 - s_1 = (n
+ 1/2)\lambda$ で暗くなる．そこで，(2.1) を代入してみれば，スクリーン上の干渉縞
の n 番目の明るい縞の位置 y_n は

$$y_n = n\frac{l\lambda}{2a}, \qquad n = 0, \pm 1, \pm 2, \cdots$$

で与えられる．縞の間隔は等しく

$$y_{n+1} - y_n = \frac{l\lambda}{2a} \qquad (2.4)$$

である．実験的に観測される縞の間隔は l に比例し，a に反比例することが確
かめられているので，(2.4) を用いて光の波長が求められる．

とくに 2 つのスリットの幅を等しくしておけば $A_1 = A_2$ となるので，スクリ
ーン上の光の強度は

$$\begin{aligned}
I &= A^2 \{1 + \cos k(s_2 - s_1)\} \\
&= A^2 \left\{1 + \cos \frac{2kay}{l}\right\} \qquad (2.5)
\end{aligned}$$

で表わされる．このとき干渉縞の暗部の光の強さは 0 になるから，明暗のもっ
ともはっきりした干渉縞が見える．

§2.2 マイケルソンの干渉計

マイケルソンの干渉計 (Michelson interferometer) では，図 2.3 に示すよう
に平行光線を 2 つに分け，それぞれ反射鏡 M_1, M_2 で反射させて光路差を与え
てから再び重ね合わせて干渉させる．光源 S からの光は半銀鏡 (または半透鏡)
によって一部は反射し，一部は透過して，それぞれ平面鏡 M_1, M_2 で反射され
る．戻ってきた光は再び半銀鏡によって一部が透過し，一部が反射して検出器
D に入る．光線が半銀鏡にあたる点から M_1, M_2 までの距離を l_1, l_2 とすれば，

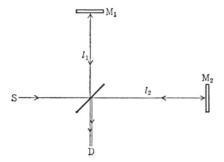

図2.3 マイケルソンの干渉計

検出器に入る2つの光の光路差は

$$s_2 - s_1 = 2(l_2 - l_1) \tag{2.6}$$

である．これを(2.3)に入れてみればすぐわかるように，鏡M_2またはM_1を光線に沿って平行に移動させると，検出器に入る光の強さは

$$I = \frac{1}{2}(A_1^2 + A_2^2) + A_1 A_2 \cos 2k(l_2 - l_1) \tag{2.7}$$

のように変わる．これは図2.4に示すように，半波長を周期として増減する．普通は干渉計に入射する光が完全な平行光線ではなく，多少傾いた光線が混在する．そうすると，光線軸が傾くにつれて光路差が次第に変わってくるので(§3.5参照)，Dの位置に眼をおいて観察すると同心円状の干渉縞が見える．

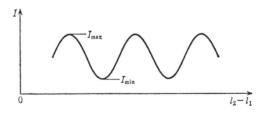

図2.4 図2.3のM_2を移動したとき，Dに入る光強度の変化

半銀鏡で分けて再び重ね合わせた2つの光の振幅A_1とA_2が等しければ，この場合も干渉縞の暗部の光の強さは0になり，明瞭な干渉縞が観測される．ところが単色スペクトル光源を使って実験してみると，M_2を数cm以上にわたって動かしたとき，光路差が短いうちは鮮明な干渉縞が見られるけれども，

光路差が長くなるにつれて干渉縞は次第に不鮮明になって，ついには全く消失してしまう．ある単色光の干渉縞がよく観測できる光路差を**コヒーレント長**(coherent length)または**コヒーレンス**(coherence)**の長さ**という．

干渉縞の鮮明さを定量的に表わすのに，図2.4に示すような干渉縞の山と谷の光の強さをそれぞれ $I_{\max}$ と $I_{\min}$ とし，干渉縞の鮮明度を

$$V = \frac{I_{\max} - I_{\min}}{I_{\max} + I_{\min}} \tag{2.8}$$

によって定義する．V は**明瞭度**(visibility)とよばれることもある．

§2.3 時間的コヒーレンスと空間的コヒーレンス

マイケルソンの干渉計で光路差 $s_2 - s_1$ を増していくとき，干渉縞の鮮明度 V は一般に図2.5に示すように減少していくが，どのくらいの距離で鮮明度が落ちるかは光源によって異なる．普通，この距離を厳密には定義しないでコヒーレント長とよんでいる．光路差を増すにつれて干渉縞の鮮明度が減少する理由を考えてみよう．

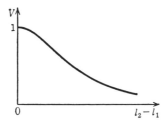

図2.5 光路差と鮮明度の関係の一例

光の波が $A\cos(\omega t - ks)$ で表わされるとき，振幅 A，角周波数 ω と波長定数 $k = \omega/c$ が一定で無限に続く平面波ならば，上で計算した式(2.7)の示すように，いくら光路差が長くなっても同じように干渉縞が出るはずである．実際には光路差が長くなるにつれて干渉縞が消えていくことは，光源から出る光の正弦波があまり長続きしないからであると考えなければならない．しかし光源がいつまでも同じ明るさで光っているのは，そのように短い光の波がつぎつぎに重なり合って現われてくるからであると考えられる．

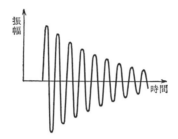

図 2.6 減衰振動波形

1つの励起原子から放出される光のエネルギーは一定($\hbar\omega$)であり，光の振幅は時間的には図2.6に示すような減衰振動になっていると考えられる．原子の**励起状態の寿命**をτ_aとすれば，減衰する光の強さが時間τ_aで$1/e$になるから，このときの振幅は$1/\sqrt{e}$になり，時間$2\tau_a$で振幅が$1/e$になる．そこで，$t=0$に始まる減衰振動の振幅$E(t)$を式でかけば

$$E(t) = A\, e^{-t/2\tau_a} \cos(\omega t + \theta) \tag{2.9}$$

となる．ここでθは$t=0$における位相を表わす．

実際の光源には多数の原子があってそれぞれの原子が発光しているが，個々の原子がいつどこでどのような位相で光を出すかは，まったくランダム(でたらめ, at random)である．したがって多数の原子が統計的には一定の割合で発光していると，平均としては一定の強さの光が出ていても，時間がある程度以上離れた2つの時刻の光波の位相はほとんど無関係になる．そこでマイケルソンの干渉計で2つに分けた光の光路差が$c\tau_a$よりも短いときにはよく干渉するが，光路差がそれよりもずっと長くなると，τ_aよりもずっと離れた時刻に出た光を重ね合わせるので干渉縞が見えなくなってしまうのである．

2つに分けた波がよく干渉することを**コヒーレント**(coherent)であるといい，ほとんどまたは全然干渉しないことを**インコヒーレント**(incoherent)であるという．同じ強さの2つの光を干渉させたとき，干渉縞の鮮明度が$V=1$の場合が完全にコヒーレントであり，$V=0$の場合は完全にインコヒーレントである．そこで，光がどのくらいコヒーレントであるかを干渉縞の鮮明度Vで表わすことにしたとき，Vを**コヒーレンス度**(degree of coherence)とよぶ．

§2.3 時間的コヒーレンスと空間的コヒーレンス 29

　レーザー光は干渉性の非常によい光であるが，それでも厳密にいうと完全にコヒーレントではなく，V はほとんど1に等しいが，1よりもごくわずか小さい．コヒーレンスの悪いレーザー光でも，コヒーレント長が少なくとも数cmあり，コヒーレンスのよいレーザー光では1000km以上もの長さのコヒーレンスをもっている．白熱電灯の光などは干渉性の非常に悪い光であって，数 μm以上の光路差でほとんど完全にインコヒーレントになるが，絶対的にインコヒーレントではなく，数 μm以下の光路差では0でないある程度のコヒーレンス度をもっている．

　これまでの説明では，原子の発光スペクトル線を用いる単色スペクトル光源の光のコヒーレント長は $c\tau_a$ か $2c\tau_a$ 程度になるはずである．ただし τ_a は励起状態の寿命，したがって個々の原子からの発光の減衰時間またはひとつづきの波の継続時間である．たとえば τ_a が $1\,\mathrm{ns}=10^{-9}\,\mathrm{s}$ ならばコヒーレント長は少なくとも30cm，τ_a が $10\,\mathrm{ns}=10^{-8}\,\mathrm{s}$ ならば少なくとも3m程度あるはずであるのに，実際のスペクトル光のコヒーレント長はこれらよりずっと短い．これは，光源に含まれる個々の原子の発光周波数が少しずつ違っているからである．その理由には，媒質の不均質，磁場や電場の影響などいろいろの原因があるが，低圧気体放電の発光スペクトルでは，気体原子の熱運動によるドップラー(Doppler)効果が主である．

　光源となる原子の発光周波数が均一でなくて，ある広がりをもって分布していると，個々の原子から出る光の作る干渉縞の間隔が均一でなく，少しずつ違って分布するので，多数の原子全体の光で観測される干渉縞の鮮明度は低下する．各原子の発光周波数が $\Delta\omega$ 程度の角周波数幅に分布するとき，$\Delta\omega t\gtrsim 2\pi$ となる時間 t では，光の位相がほとんどランダムになるから，たとえ減衰時間 τ_a は長くてもコヒーレンスが悪く，およそ $2\pi/\Delta\omega$ の時間しかコヒーレンスがない．このように，個々の原子の発光の**時間的コヒーレンス**はその原子の励起状態の寿命程度であっても，スペクトル線の時間的コヒーレンスはそのスペクトル線幅の逆数程度の時間しか存在しない．

　次に**空間的コヒーレンス**について述べよう．ヤングの実験においてスクリー

30 第2章 光のコヒーレンス

ンに干渉縞が現われるのは，空間的に異なる2点 P_1 と P_2 から来る光が干渉するからである．この場合のように空間的に異なる2点の光の間に干渉性があることを空間的コヒーレンスという．

いま，ヤングの実験の図2.1においてスリット P_0 の幅を広くしていくと，スクリーン上の干渉縞の鮮明度 V は次第に低下していく．これはなぜだろうか．スリット P_0 の幅を広くすると P_0 における光の回折が減少し，光源上の各点から発する光はほぼ直線的に P_1 と P_2 に達するようになり，P_1 と P_2 における光の位相差は P_0 の幅がせまいときのように一定ではなくなるからである．このとき光源上の異なる場所から出た光のつくる干渉縞の位置がずれるので，全部の光がつくる干渉縞は不鮮明になるのである．すなわち，スリット P_0 の幅を広げると，P_1 と P_2 における光の間の空間的コヒーレンスが悪くなる．

レーザーを光源にして実験すると，スリット P_0 の幅を広げて結局スリット P_0 をまったく使わないでも，鮮明度のよい明るい干渉縞が現われる．レーザーは時間的コヒーレンスがよいだけでなく空間的コヒーレンスもよく，1つのレーザーの空間的に異なるどの部分から出る光も互いによく干渉する．1台のレーザーから前方に出る光と後方に出る光を反射鏡を使って重ね合わせてみても，きれいに干渉縞ができるのを確かめることができる．

光の進行方向の空間的コヒーレンスは原則的には時間的コヒーレンスできまる．光の進行方向が完全に一定な平行光線や，小さいあなから回折して広がる球面波では，縦（進行）方向の空間的コヒーレンスの長さは時間的コヒーレンスの長さの c（光の速さ）倍である．しかし，光の進行方向が均一ではなくて，いくらか異なる進行方向の成分が混じり合っているときには，それによって空間的コヒーレンスが悪くなる．通常の光線束では横方向の空間的コヒーレンスは光の時間的コヒーレンスにあまり関係しないといってよいだろう．したがって，一般に時間的コヒーレンスと空間的コヒーレンスは区別しておく必要がある．

§2.4　光の振幅の複素表示

実際の光電場の振動は完全に純粋な正弦波ではないから，多かれ少なかれ異

なる周波数成分の分布がある．このような，一般に任意の時間的変化をする光電場 $E(t)$ をフーリエ展開して

$$E(t) = \int_{-\infty}^{\infty} f(\omega)\, \mathrm{e}^{i\omega t}\, \mathrm{d}\omega \tag{2.10}$$

と表わすと，$f(\omega)$ は角周波数 ω のフーリエ成分であって

$$f(\omega) = \frac{1}{2\pi} \int_{-\infty}^{\infty} E(t)\, \mathrm{e}^{-i\omega t}\, \mathrm{d}t \tag{2.11}$$

で与えられる複素数である．実際の電場 $E(t)$ は実数であるから，複素共役を * で表わせば

$$f(-\omega) = f(\omega)^* \tag{2.12}$$

でなければならない．したがって正の周波数成分 $f(\omega)$ がわかれば，負の周波数成分は上式によって一義的にきまる．

そこで，ある点における光電場 $E(t)$ の解析表示として，$\omega > 0$ のフーリエ成分だけを用いた**複素振幅** $A(t)$ を 1946 年ガボール (Gabor) は[†]

$$A(t) = 2 \int_{0}^{\infty} f(\omega)\, \mathrm{e}^{i\omega t}\, \mathrm{d}\omega \tag{2.13}$$

で定義した．こうして定義された複素振幅 $A(t)$ を用いると，実際の振幅は

$$E(t) = \mathrm{Re}[A(t)] \tag{2.14}$$

で表わされる．

(2.13) の虚部と実部 (2.14) とは，互いに他方のヒルベルト変換になり，

$$\mathrm{Im}[A(t)] = -\frac{1}{\pi} \int_{-\infty}^{\infty} \frac{E(t')}{t'-t}\, \mathrm{d}t'$$

$$E(t) = \frac{1}{\pi} \int_{-\infty}^{\infty} \frac{\mathrm{Im}[A(t')]}{t'-t}\, \mathrm{d}t'$$

と表わされる．ただし積分は $t'=t$ では主値をとるものとする．

光や電波の電場（または磁場）の複素表示は，従来でもほぼ完全な単一周波数を取り扱うときに交流理論をはじめ電磁光学などで用いられている．しかし上のように解析的に複素振幅を定義するならば，もっと一般的に任意の波形で変

---

† D. Gabor : *J. Inst. Elect. Eng.*, **93**(1946), 429.

32 　第2章　光のコヒーレンス

化する単色でない電磁波を取り扱うことができる.

　一様な媒質の中の光のエネルギーは, 一般に光電場の2乗に比例するから, **光の強さ** (light intensity) は振幅の2乗で与えられる. このとき, 実際の光電場 $E(t)$ の2乗を考えるよりは, 複素振幅の絶対値の2乗, すなわち $A(t)A^*(t)$ を考える方が便利である. いま, 角周波数 ω の光がパルス変調されているとき, $[E(t)]^2$ には角周波数 2ω の成分があるので, それを取り除くために π/ω より長い時間にわたっての平均をとらなければならない. そうすると, その平均時間の間にパルス波形(包絡線)が変化するので, 正しい瞬間的な光の強さを表わすことができない. しかし, $A(t)A^*(t)$ には光周波数成分は含まれないでパルス波形だけの変化になるので, 本当に瞬間的な光の強さを記述することができる. そこで, (2.13)で表わされる光の**瞬間的強度** $I(t)$ は

$$I(t) = |A(t)|^2 = A(t)A^*(t) \tag{2.15}$$

であると定義する. ここでは真空中, または一様な媒質中の光だけを考えて比例係数を1にしているが, 不均一な媒質中の光を取り扱うときには, 屈折率できまる比例係数を用いる. ただし, 屈折率に分散があるときや異方性があるときは, 近似的な式になる.

　次に, 複素表示を用いてマイケルソンの干渉計の検出器 D に入る光の強さを計算してみよう. 半銀鏡で2つに分けられた光がそれぞれ M_1, M_2 で反射された後, 等しい強さで重ね合わされたとする. このとき光路差 s_2-s_1 があるので, M_2 で反射された光は時間的に $\tau=(s_2-s_1)/c$ だけ遅れている. そこで検出器に入る光の強度は

$$\begin{aligned}
I(t) &= \{A(t)+A(t+\tau)\}\{A^*(t)+A^*(t+\tau)\} \\
&= A(t)A^*(t) + A(t+\tau)A^*(t+\tau) \\
&\quad + A(t)A^*(t+\tau) + A(t+\tau)A^*(t)
\end{aligned}$$

で表わされる. 干渉の実験では, 強度の時間的平均を観測しているので, 上式の時間平均をとる. 定常的な強さの光源では時刻 t と $t+\tau$ とにおける強度は等しいから

$$\overline{A(t)A^*(t)} = \overline{A(t+\tau)A^*(t+\tau)}$$

は一定値 $|A|^2$ になる. ただし ‾ は時間平均を表わす. また

$$\overline{A(t)A^*(t+\tau)} = \overline{A(t-\tau)A^*(t)} = \{\overline{A(t+\tau)A^*(t)}\}^*$$

であるから, 結局

$$\overline{I(t)} = 2|A|^2 + 2\operatorname{Re}\overline{A(t)A^*(t+\tau)} \tag{2.16}$$

と書くことができる.

上式の右辺の第2項は次式で定義される**自己相関関数**(autocorrelation function)

$$G(\tau) = \langle A^*(t)A(t+\tau)\rangle$$

$$= \lim_{T\to\infty}\frac{1}{2T}\int_{-T}^{T}A^*(t)A(t+\tau)\,\mathrm{d}t \tag{2.17}$$

の実数部と同等である. なぜなら, 通常の光のようにそのゆらぎが統計的に定常であるときには, 〈 〉で表わした集団平均と上に棒を引いて表わした時間平均とは同等であるからである. そこでマイケルソンの干渉計で M_2 までの距離 l_2 を変えて, $\tau = (s_2 - s_1)/c$ の関数として干渉縞の鮮明度の変化を測定すると, 時間差 τ の関数として自己相関関数(の相対的変化)が求められる.

自己相関関数 $G(\tau)$ は強度スペクトル $I(\omega)$ のフーリエ変換になっている. すなわち

$$G(\tau) = \int_{-\infty}^{\infty}I(\omega)\,\mathrm{e}^{i\omega\tau}\,\mathrm{d}\omega \tag{2.18}$$

$$I(\omega) = \frac{1}{2\pi}\int_{-\infty}^{\infty}G(\tau)\,\mathrm{e}^{-i\omega\tau}\,\mathrm{d}\tau \tag{2.19}$$

の関係があり, この関係を**ウィーナー・キンチン**(Wiener-Khintchine)**の定理**という.

§2.5 コヒーレンス関数

自己相関関数は時間的コヒーレンスを表わすが, さらに一般に空間的コヒーレンスをも含めて表わすために, 2点間の光の相互相関を考える. 2点 P_1, P_2 における光の複素振幅をそれぞれ $A_1(t)$, $A_2(t)$ とするとき

34　第2章　光のコヒーレンス

$$G_{12}(\tau) = \langle A_1{}^*(t)A_2(t+\tau)\rangle$$

$$= \lim_{T\to\infty}\frac{1}{2T}\int_{-T}^{T}A_1{}^*(t)A_2(t+\tau)\,\mathrm{d}t \qquad (2.20)$$

を**相互相関関数**(mutual correlation function)という．ヤングの実験で2つの
スリット P_1 と P_2 からスクリーンまで到達する光の時間差が τ である場所の光
の強さは $G_{12}(\tau)$ で表わされる．

相互相関関数 $G_{12}(\tau)$ を規格化すると

$$\gamma_{12}(\tau) = \frac{G_{12}(\tau)}{\sqrt{G_{11}(0)G_{22}(0)}} \qquad (2.21)$$

と表わされる．ゼルニーケ(Zernike)は1938年，これを，1次のコヒーレンス
関数と名づけた．ここで，$G_{11}(0)=\langle|A_1(t)|^2\rangle$ は点 P_1 からくる光の強さ I_1 を，
$G_{22}(0)=\langle|A_2(t)|^2\rangle$ は点 P_2 からくる光の強さ I_2 を表わしているから，

$$\gamma_{12}(\tau) = \frac{\langle A_1{}^*(t)A_2(t+\tau)\rangle}{\sqrt{I_1 I_2}} \qquad (2.22)$$

と書くこともできる．$\gamma_{12}(\tau)$ を**複素コヒーレンス度**(complex degree of coher-
ence)ということもある．2点 P_1 と P_2 の光波が空間的に完全にコヒーレント
で時間差 τ で時間的に完全にコヒーレントならば $|\gamma_{12}|=1$，空間的または時間
的に完全にインコヒーレントならば $\gamma_{12}=0$ である．

一般に任意の2点の光波 $A_1(t)$ と $A_2(t+\tau)$ とを重ね合わせて干渉させたとき
の光の強さは，

$$|A_1(t)|^2+|A_2(t+\tau)|^2$$

$$+A_1(t)A_2{}^*(t+\tau)+A_1{}^*(t)A_2(t+\tau)$$

で表わされる．この時間平均を I とすれば，(2.20)を用い

$$I = I_1+I_2+G_{12}{}^*(\tau)+G_{12}(\tau)$$

$$= I_1+I_2+2\sqrt{I_1 I_2}\,\mathrm{Re}\,\gamma_{12}(\tau) \qquad (2.23)$$

となる．

2点 P_1 と P_2 が遠く離れるほど，また時間 τ が長くなるほど複素コヒーレン
ス度 $\gamma_{12}(\tau)$ は小さくなる．しかし通常の単色スペクトル光源の程度にコヒーレ

ンスがよい場合には，P_1 と P_2 の光を重ね合わせて干渉させる点までの光路差が数波長変わる間は，$\gamma_{12}(\tau)$ の大きさはほとんど変わらない．しかし $\gamma_{12}(\tau)$ の位相は著しく変化し，

$$\gamma_{12}(\tau) = \gamma_0\, e^{ik(s_2-s_1)} \tag{2.24}$$

と書くことができる．ただし $\tau=(s_2-s_1)/c$ をわずか変える間，複素数 γ_0 は一定の値をとる．そこで，干渉縞の明暗はそれぞれ

$$I_{\max} = I_1+I_2+2\sqrt{I_1 I_2}\,|\gamma_0|$$
$$I_{\min} = I_1+I_2-2\sqrt{I_1 I_2}\,|\gamma_0|$$

となるから，この干渉縞の鮮明度は (2.8) を用い，

$$V = \frac{2\sqrt{I_1 I_2}}{I_1+I_2}\,|\gamma_0| \tag{2.25}$$

と表わされる．したがって，I_1 と I_2 の相対的強度を求めておいて干渉縞の明暗を測定すれば，$\gamma_{12}(\tau)$ の大きさ $|\gamma_0|$ を知ることができる．$\gamma_{12}(\tau)$ の位相角は干渉縞のもっとも明るい位置で 0，もっとも暗い位置で π となる．

最後に重要な例として，§2.3 で定性的に説明したようなほぼ単色光であるがせまい幅の周波数分布をもつ光のコヒーレンス関数を考えてみよう．点 P_1 における光の規格化自己コヒーレンス関数は

$$\gamma_{11}(\tau) = \frac{\langle A_1{}^*(t)A_1(t+\tau)\rangle}{\langle A_1{}^*(t)A_1(t)\rangle} \tag{2.26}$$

である．いま，光源の各原子が (2.9) で表わされるような減衰光波を発するとすれば，ある原子 n から出た光の複素振幅は

$$A_n(t) = A\, e^{i\omega_n t+i\theta_n-t/2\tau_a} \tag{2.27}$$

と表わされる．

各原子の周波数は等しく $\omega_n=\omega_0$ であるが，発光の位相 θ_n がランダムであるとき，自己コヒーレンス関数は

$$\gamma_{11}(\tau) = e^{i\omega_0\tau}\cdot e^{-|\tau|/2\tau_a} \tag{2.28}$$

となる．これは光源の原子多数から出る光全体についても同じになる．この場合，自己コヒーレンス関数は図 2.7 のようになり，各原子の振幅の減衰する様

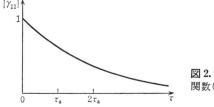

図 2.7 自己コヒーレンス関数 (2.28) のグラフ

子を示している．

次に各励起原子の寿命は比較的長いが，発光周波数がガウス分布をしている場合を調べよう．原子の角周波数が ω_0 を中心として

$$I(\omega) = \frac{1}{\sqrt{\pi}\, w} e^{-(\omega-\omega_0)^2/w^2} \tag{2.29}$$

の形で分布しているとする．w は $I(\omega)$ が $I(\omega_0)$ の $1/e$ になる半幅である．(2.29) は光強度の周波数分布，すなわちパワースペクトルを与えるので，自己コヒーレンス関数は，(2.18) を用いて求めることができて

$$\begin{aligned}\gamma_{11}(\tau) &= \frac{1}{\sqrt{\pi}\, w} \int_{-\infty}^{\infty} \exp\left[-\left(\frac{\omega-\omega_0}{w}\right)^2 + i\omega\tau\right] d\omega \\ &= e^{i\omega_0 \tau} \cdot e^{-w^2 \tau^2/4}\end{aligned} \tag{2.30}$$

となる．この場合の自己コヒーレンス関数はガウス形で，図 2.8 に示すようになっていて，原子の減衰時間 τ_a は長くても，τ が $1/w$ 程度以上ではコヒーレンス度が小さくなる．

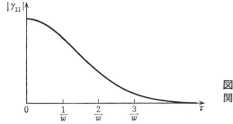

図 2.8 自己コヒーレンス関数 (2.30) のグラフ

電 磁 光 学

第 3 章

光の波動性は実験的には干渉や回折によって示され，理論的にはマクスウェル(Maxwell)の方程式に従う電磁波として表わされる．一方，光の粒子性は電磁場を量子化して得られる光量子または光子によって記述される．レーザー光は他の光よりもコヒーレンスがよいので波動性が顕著であって，電磁場の量子化が本質的な効果を生じる場合はむしろ例外的である．そこでこの章では，**古典的電磁波**として表わされる光について述べる．

§3.1 マクスウェルの方程式

電磁気学で知られているように，空間(x, y, z)および時間tの関数として変化する電場E，電束密度D，磁場H，磁束密度B，電流密度i，および電荷密度ρの間の関係は，下記の**マクスウェルの方程式**で表わされる．

$$\mathrm{rot}\, \boldsymbol{E} = -\frac{\partial \boldsymbol{B}}{\partial t} \tag{3.1}$$

$$\mathrm{rot}\, \boldsymbol{H} = \boldsymbol{i} + \frac{\partial \boldsymbol{D}}{\partial t} \tag{3.2}$$

$$\mathrm{div}\, \boldsymbol{D} = \rho \tag{3.3}$$

$$\mathrm{div}\, \boldsymbol{B} = 0 \tag{3.4}$$

$\mathrm{rot}\, \boldsymbol{E}$ を $\mathrm{curl}\, \boldsymbol{E}$ または $\nabla \times \boldsymbol{E}$，$\mathrm{div}\, \boldsymbol{D}$ を $\nabla \cdot \boldsymbol{D}$ と書くこともできる．ただし ∇ は演算子ベクトルであって，x, y, z 成分がそれぞれ $\partial/\partial x,\ \partial/\partial y,\ \partial/\partial z$ である．なお，∇ を用いると，$\mathrm{grad}\, \phi$ は $\nabla \phi$ と表わされる．

媒質の誘電率を ε，透磁率を μ，電気伝導率を σ とすれば

$$\boldsymbol{D} = \varepsilon \boldsymbol{E}, \qquad \boldsymbol{B} = \mu \boldsymbol{H}, \qquad \boldsymbol{i} = \sigma \boldsymbol{E} \tag{3.5}$$

38 第3章 電磁光学

である. 媒質の分極を P, 真空の誘電率を ε_0 とすれば

$$D = \varepsilon_0 E + P$$

$$\varepsilon_0 = 8.854 \times 10^{-12} \text{ F/m}$$

である. このとき

$$\chi = \frac{P}{\varepsilon_0 E} \qquad (3.6)$$

を電気感受率という. これを用いると, $\varepsilon = \varepsilon_0(1+\chi)$ と表わされる. 一般に電場 E が弱いときには, P は E に比例するが, E が強くなると比例しなくなる. また, E の時間的変化にそのまま追従して P が変化するとは限らない. このように非線形効果や分散がある場合については以下の章で取り扱い, ここでは χ も ε もそれぞれ一定の定数であると考えておく. また媒質は誘電体であって, 原則として透磁率は

$$\mu = \mu_0 = 4\pi \times 10^{-7} \text{ H/m}$$

であるとする.

さて, (3.1)の rotation をとり, (3.2)と $B = \mu H$ を用いると, rot rot E は

$$\nabla \times \nabla \times E = -\mu \frac{\partial^2 D}{\partial t^2} \qquad (3.7)$$

となる. ベクトル計算によれば

$$\nabla \times \nabla \times E = -\nabla^2 E + \nabla(\nabla \cdot E)$$

である. (3.3)と $D = \varepsilon E$ から

$$\nabla \cdot E = \frac{1}{\varepsilon} \nabla \cdot D = \frac{\rho}{\varepsilon}$$

となるが, 光学的媒質では静電荷は静電場を生じるだけで電磁波には無関係なので無視して $\rho = 0$ とおく. したがって, (3.7)は

$$\nabla^2 E - \varepsilon\mu \frac{\partial^2 E}{\partial t^2} = 0 \qquad (3.8\,\mathrm{a})$$

すなわち

$$\left(\frac{\partial^2}{\partial x^2} + \frac{\partial^2}{\partial y^2} + \frac{\partial^2}{\partial z^2} - \varepsilon\mu \frac{\partial^2}{\partial t^2} \right) E = 0 \qquad (3.8\,\mathrm{b})$$

となる. これは速さが

$$v = \frac{1}{\sqrt{\varepsilon\mu}} \tag{3.9}$$

で進む波動の方程式である．真空中の光の速さを c とすれば

$$c = \frac{1}{\sqrt{\varepsilon_0\mu_0}} = 299\ 792\ 458\ \text{m/s}$$

で，媒質の屈折率を η で表わすと

$$\eta = \sqrt{\frac{\varepsilon\mu}{\varepsilon_0\mu_0}} = c\sqrt{\varepsilon\mu}, \quad v = \frac{c}{\eta} \tag{3.10}$$

である．

　理想的な平面波では，波面となる平面上いたるところで位相が等しいだけでなく，電場の方向も大きさも等しい．波面が xy 面に平行であるとすれば，x または y で $\boldsymbol{E}$ を微分すると 0 になるから，(3.8 b) は

$$\frac{\partial^2 \boldsymbol{E}}{\partial z^2} - \frac{1}{v^2}\frac{\partial^2 \boldsymbol{E}}{\partial t^2} = 0 \tag{3.11}$$

となる．これは $\pm z$ 方向に進む波動の方程式であって，その解は一般に

$$E_x = f_1(z-vt) + f_2(z+vt) \tag{3.12 a}$$

$$E_y = g_1(z-vt) + g_2(z+vt) \tag{3.12 b}$$

と表わされる．マクスウェルの方程式から電磁波は横波で，この場合 $E_z=0$ である．(3.12) の f_1, f_2, g_1, g_2 は任意の 1 価関数であって，$f_1(z)$ は x 方向に偏光して $+z$ 方向に進む平面波の成分の，$f_2(z)$ は $-z$ 方向に進む平面波の成分の $t=0$ における波形をそれぞれ表わす．$g_1(z), g_2(z)$ は y 方向の偏光でそれぞれ $\pm z$ 方向に進む波形を表わす．

　上式で表わされる電場の波に伴って進む磁場の波は，(3.2) から次のようになる．(3.2) の x 成分をとれば，z 方向に進む平面波では x 微分も y 微分も 0 になるから

$$-\frac{\partial H_y}{\partial z} = \varepsilon \frac{\partial}{\partial t} E_x$$

となる．(3.12 a) を t で微分し，z で積分することにより，これから

$$H_y = \varepsilon v\{f_1(z-vt) - f_2(z+vt)\} \tag{3.13 a}$$

が得られる．同様にして (3.2) の y 成分から

40　第3章　電磁光学

$$H_x = \varepsilon v \{-g_1(z-vt)+g_2(z+vt)\} \qquad (3.13\,\mathrm{b})$$

が得られる．(3.12 a, b)と(3.13 a, b)は，f_1, f_2, g_1, g_2 で表わされる波形の電磁波がそれぞれ $\boldsymbol{E}$ と $\boldsymbol{H}$ は垂直で，その進行方向は $\boldsymbol{E} \times \boldsymbol{H}$ の向きであることを示している．

　z 軸に垂直な単位面積を単位時間に通り抜ける電磁波のエネルギーは**ポインティングベクトル**(Poynting vector)$\boldsymbol{S}=\boldsymbol{E} \times \boldsymbol{H}$ の z 成分の時間平均で与えられる．x 方向の偏光では，(3.12 a)と(3.13 a)から

$$S_z = \varepsilon v [f_1{}^2(z-vt)-f_2{}^2(z+vt)]$$

となり，y 方向の偏光では，(3.12 b)と(3.13 b)から

$$S_z = \varepsilon v [g_1{}^2(z-vt)-g_2{}^2(z+vt)]$$

となる．

　これまでは任意の波形の電磁波を考えたが，どんな波形もフーリエ展開すれば正弦波の重ね合わせによって表わされるし，レーザーの光はほとんど完全な単色光である．そこで，角周波数 ω の単色光の電磁場の時間因子を $\exp(i\omega t)$ で表わすと*，(3.8 a)の波動方程式は

$$\nabla^2 \boldsymbol{E}+k^2 \boldsymbol{E} = 0 \qquad (3.14)$$

となる．ただし $k^2=\omega^2 \varepsilon \mu$ である．ここで

$$k = \frac{\omega}{v} = \frac{2\pi}{\lambda}$$

は**波長定数**または**位相定数**とよばれているが，一般に k が複素数になるときは**伝搬定数**(propagation constant)とよばれる．

　いま，$\pm z$ 方向に進む単色光の電場が x 方向にある偏光を考えると，この単色光の電場と磁場は

$$
\begin{aligned}
E_x &= F_1 \mathrm{e}^{i\omega t-ikz}+F_2 \mathrm{e}^{i\omega t+ikz} \\
H_y &= \varepsilon v \{F_1 \mathrm{e}^{i\omega t-ikz}-F_2 \mathrm{e}^{i\omega t+ikz}\}
\end{aligned}
\qquad (3.15)
$$

で表わされる．第1項は $+z$ 方向，第2項は $-z$ 方向に進む成分を表わす．

---

　* $\exp(-i\omega t)$ とする書き方もある．そうすると，複素誘電率，反射係数，透過係数などがすべて複素共役になる．エレクトロニクスでは $\mathrm{e}^{i\omega t}$，光学では $\mathrm{e}^{-i\omega t}$ とすることが多い．

(3.10)を用いると，$\mu=\mu_0$ のとき εv は

$$cv = \eta \varepsilon_0 c = \eta \sqrt{\frac{\varepsilon_0}{\mu_0}} \tag{3.16}$$

のように書き換えることもできる．

　一般に任意の方向に進む平面電磁波は，進行方向を向く**波動ベクトル**または**波数ベクトル**(wave vector) $\boldsymbol{k}$ をとり，その大きさを $k=\omega/v$ とすれば，$\boldsymbol{r}$ の位置における複素電場 $\boldsymbol{E}(\boldsymbol{r},t)$ は

$$\boldsymbol{E}(\boldsymbol{r},t) = \boldsymbol{E}_0\, e^{i\omega t - i\boldsymbol{k}\cdot\boldsymbol{r}} \tag{3.17}$$

と表わされる．ただし $\boldsymbol{E}_0$ は $\boldsymbol{k}$ に垂直で，平面波の複素振幅を表わす．波動ベクトル $\boldsymbol{k}$ と x, y, z 軸との間の角をそれぞれ α, β, γ とすれば

$$k_x = k\cos\alpha, \quad k_y = k\cos\beta, \quad k_z = k\cos\gamma$$

であるから，(3.17)は

$$\boldsymbol{E}(x,y,z,t) = \boldsymbol{E}_0\, e^{i\omega t - ik(x\cos\alpha + y\cos\beta + z\cos\gamma)}$$

と書くことができる．

§3.2 光の反射と屈折

　屈折率の異なる媒質の境界面に平面電磁波が入射したとき，各偏光成分の**振幅反射率**(反射係数，reflection coefficient)と**振幅透過率**(透過係数，transmission coefficient)とは，境界面における電磁場の境界条件から求められる．いま，xy 面を境界として $z<0$ では屈折率が $\eta_1=\sqrt{\varepsilon_1/\varepsilon_0}$，$z>0$ では $\eta_2=\sqrt{\varepsilon_2/\varepsilon_0}$ であるとし，入射面を xz 面にとり，入射角を θ とする．

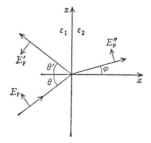

図3.1　光の反射と屈折

42 第3章 電磁光学

入射光の偏光によって反射率や屈折率は異なるので，電場が入射面に平行な p 成分と，垂直な s 成分に分けて計算する*．p 成分の電場の正方向を図 3.1 のようにとれば，入射光の P 成分の電場と磁場は時間因子 $e^{i\omega t}$ を略して

$$E_{\mathrm{p}} = A_{\mathrm{p}}\, e^{-ik_1(x\sin\theta + z\cos\theta)}$$
$$H_y = \varepsilon_1 v_1 E_{\mathrm{p}}, \qquad H_x = H_z = 0 \tag{3.18}$$

と表わされる．s 成分の電場は y 方向にあって

$$E_{\mathrm{s}} = A_{\mathrm{s}}\, e^{-ik_1(x\sin\theta + z\cos\theta)} \tag{3.19}$$

と表わせば，s 成分の光の磁場は k と y 軸に垂直で，大きさは $\varepsilon_1 v_1 E_{\mathrm{s}}$ となる．

まず，p 成分について考え，反射光には ′ をつけて表わすことにして反射角を図 3.1 に示すように θ' とすれば，反射光の電場と磁場は

$$E_{\mathrm{p}}' = A_{\mathrm{p}}'\, e^{-ik_1(x\sin\theta' - z\cos\theta')}$$
$$H_y' = \varepsilon_1 v_1 E_{\mathrm{p}}' \tag{3.20}$$

と書くことができる．透過波は $z>0$ の領域を屈折角 φ で進むとすると，

$$E_{\mathrm{p}}'' = A_{\mathrm{p}}''\, e^{-ik_2(x\sin\varphi + z\cos\varphi)}$$
$$H_y'' = \varepsilon_2 v_2 E_{\mathrm{p}}'' \tag{3.21}$$

と書くことができる．

境界条件は境界面 $z=0$ で E の x, y 成分と $D=\varepsilon E$ の z 成分がそれぞれ連続，H については各成分が連続（$\mu_1=\mu_2=\mu_0$ とする）である．$z<0$ の媒質中の P 成分の電場と磁場は，$z\to 0$ とすると

$$E_x = A_{\mathrm{p}}\cos\theta\, e^{-ik_1 x\sin\theta} - A_{\mathrm{p}}'\cos\theta'\, e^{-ik_1 x\sin\theta'}$$
$$H_y = \varepsilon_1 v_1 (A_{\mathrm{p}}\, e^{-ik_1 x\sin\theta} + A_{\mathrm{p}}'\, e^{-ik_1 x\sin\theta'})$$

となる．これらは $z>0$ の電場と磁場の $z\to 0$ における値にそれぞれ等しくなければならないから

$$A_{\mathrm{p}}\cos\theta\, e^{-ik_1 x\sin\theta} - A_{\mathrm{p}}'\cos\theta'\, e^{-ik_1 x\sin\theta'} = A_{\mathrm{p}}''\cos\varphi\, e^{-ik_2 x\sin\varphi} \tag{3.22}$$

$$\eta_1(A_{\mathrm{p}}\, e^{-ik_1 x\sin\theta} + A_{\mathrm{p}}'\, e^{-ik_1 x\sin\theta'}) = \eta_2 A_{\mathrm{p}}''\, e^{-ik_2 x\sin\varphi} \tag{3.23}$$

である．ただし (3.23) を書くのに，(3.16) を用いた．(3.22) と (3.23) は境界面

---
* s はドイツ語の senkrecht による．

§3.2 光の反射と屈折　43

上ですべての x について成り立つから

$$k_1 \sin\theta = k_1 \sin\theta' = k_2 \sin\varphi \qquad (3.24)$$

である．これから，**反射法則**

$$\theta = \theta'$$

および，**屈折法則**

$$\frac{\sin\theta}{\sin\varphi} = \frac{k_2}{k_1} = \frac{\eta_2}{\eta_1} \qquad (3.25)$$

が得られる．

(3.24)を用いると，(3.22)と(3.23)は

$$(A_p - A_p')\cos\theta = A_p''\cos\varphi$$
$$\eta_1(A_p + A_p') = \eta_2 A_p'' \qquad (3.26)$$

となる．両式から A_p'' を消去すれば，振幅反射率

$$r_p = \frac{A_p'}{A_p} = \frac{\sin\theta\cos\theta - \sin\varphi\cos\varphi}{\sin\theta\cos\theta + \sin\varphi\cos\varphi} \qquad (3.27)$$

が得られる．これを書き改め，振幅と強度の反射率はそれぞれ

$$r_p = \frac{\tan(\theta-\varphi)}{\tan(\theta+\varphi)}$$
$$R_p = \frac{\tan^2(\theta-\varphi)}{\tan^2(\theta+\varphi)} \qquad (3.28)$$

となる．

(3.27)または(3.28)を見ると，$\theta+\varphi=\pi/2$ のとき，p成分の反射率は0になることがわかる．このような入射角を**ブルースター角**(Brewster angle)といい，それを θ_B とすると

$$\tan\theta_B = \frac{\eta_2}{\eta_1} \qquad (3.29)$$

で与えられる．$\eta_1=1$，$\eta_2=1.52$(BK 7 ガラス)では θ_B は $56°40'$，$\eta_2=1.46$(石英ガラス)では θ_B は $55°35'$，$\eta_2=4.0$(波長 $1.5 \sim 10\,\mu$m，ゲルマニウム)では $75°58'$ となる．

p成分の振幅透過率は(3.27)を(3.26)のどちらかに代入して計算すれば

44 第3章 電磁光学

$$d_p = \frac{A_p''}{A_p} = \frac{2\cos\theta\sin\varphi}{\sin\theta\cos\theta + \sin\varphi\cos\varphi} \tag{3.30}$$

または

$$d_p = \frac{2\cos\theta\sin\varphi}{\sin(\theta+\varphi)\cos(\theta-\varphi)}$$

となる．これは電場の振幅比であるから，光強度の透過率は $d_p{}^2$ にならない．

　光強度として波動ベクトルに垂直な単位面積を通るエネルギーを考えると，光強度は $\boldsymbol{E}\times\boldsymbol{H}$，したがって $\varepsilon v E^2$ または ηE^2 に比例するから，**光強度(密度)の透過率**は

$$D_p = \frac{\eta_2 A_p''^2}{\eta_1 A_p{}^2} = \frac{4\sin\theta\cos^2\theta\sin\varphi}{\sin^2(\theta+\varphi)\cos^2(\theta-\varphi)} \tag{3.31}$$

となる．しかし，**光線束のエネルギー透過率**を考えると，屈折によって光線束の断面積が

$$\frac{\cos\varphi}{\cos\theta}$$

倍になるので，光線束のエネルギー透過率は

$$T_p = \frac{\sin 2\theta \sin 2\varphi}{\sin^2(\theta+\varphi)\cos^2(\theta-\varphi)} \tag{3.32}$$

になることを注意しておく必要がある．

　同様にして s 成分の振幅反射率と振幅透過率を計算すると

$$r_s = \frac{A_s'}{A_s} = -\frac{\sin(\theta-\varphi)}{\sin(\theta+\varphi)} \tag{3.33}$$

$$d_s = \frac{A_s''}{A_s} = \frac{2\cos\theta\sin\varphi}{\sin(\theta+\varphi)} \tag{3.34}$$

また，光強度と光線束エネルギーの透過率はそれぞれ

$$D_s = \frac{4\sin\theta\cos^2\theta\sin\varphi}{\sin^2(\theta+\varphi)} \tag{3.35}$$

$$T_s = \frac{\sin 2\theta\sin 2\varphi}{\sin^2(\theta+\varphi)} \tag{3.36}$$

となる．媒質の境界面における反射率や透過率を表わすこれらの式は**フレネル(Fresnel)の式**とよばれている．

§3.3 全 反 射

図 3.1 は $\eta_2 > \eta_1$ のときの光線を画いてあるが，$\eta_2 < \eta_1$ のときには，入射角が
ある角度 θ_c で $\varphi = \pi/2$ になり，入射角 θ がこれより大きいと透過波は存在しな
い．θ_c を臨界角といい

$$\sin \theta_c = \frac{1}{n_{12}}, \qquad n_{12} = \frac{\eta_1}{\eta_2} > 1 \tag{3.37}$$

で与えられる．$\theta > \theta_c$ では入射光は全部反射されるので，これを**全反射**(total
reflection)という．全反射のときに屈折光線がないというのは，(3.21)で表わ
されるように遠方に進んでいく平面波ができないという意味であって，$z > 0$ で
電磁場がまったく 0 になるのではない．

$\theta > \theta_c$ で全反射が起こる場合，(3.25)を満足する屈折角 φ は実在しないが，
φ を複素数と考え，

$$\sin \varphi = n_{12} \sin \theta > 1 \tag{3.38}$$

とすれば，屈折の法則(3.25)を形式的に満足する．そこで $\cos \varphi$ は虚数

$$\cos \varphi = \pm\sqrt{1 - \sin^2 \varphi} = \pm i\sqrt{n_{12}^2 \sin^2 \theta - 1}$$

とおけば，上述のフレネルの式の計算がそのまま成り立つ．そうすると，p 成
分や s 成分の屈折波の式は

$$E'' = A'' \exp[-ik_2(x n_{12} \sin \theta \pm iz\sqrt{n_{12}^2 \sin^2 \theta - 1})]$$

となる．$z \to \infty$ で発散する成分の振幅は 0 でなければならないから，

$$\cos \varphi = -i\sqrt{n_{12}^2 \sin^2 \theta - 1} \tag{3.39}$$

だけを用いて $z > 0$ の媒質内の電場は

$$E'' = A'' \exp(-k_2\sqrt{n_{12}^2 \sin^2 \theta - 1}\, z)\, e^{-i(k_2 n_{12} \sin \theta)x} \tag{3.40}$$

となる．この式は $e^{i\omega t}$ を略して書いてあるので，x 方向に進む平面波の振幅が
z 方向には指数関数的に小さくなっていることを表わしている．このような波
を**エバネッセント波**(evanescent wave)という．

エバネッセント波の振幅が $z = 0$ の $1/e$ になる深さ z_{ev} は

$$z_{\mathrm{ev}} = \frac{1}{k_2\sqrt{n_{12}^2 \sin^2 \theta - 1}} \tag{3.41}$$

46　第3章　電磁光学

で与えられる。θ が θ_c に近いとき，$\theta-\theta_\mathrm{c}=\varDelta\theta$ とすれば，

$$z_\mathrm{ev} \simeq \frac{\lambda_0}{2\pi\eta_2}\sqrt{\frac{\tan\theta_\mathrm{c}}{2\varDelta\theta}}$$

と近似できる。ただし λ_0 は真空中の光の波長である。そこで $\varDelta\theta\simeq0.01\,\mathrm{rad}$ とすると，エバネッセント波が伝わる層の深さは，だいたい1波長程度になることがわかる。

　p成分の入射波によって生じるエバネッセント波の電場と磁場は，(3.30)に(3.38)と(3.39)を代入することによって

$$E_\mathrm{p}'' = \frac{2n_{12}\cos\theta}{\cos\theta-in_{12}\sqrt{n_{12}{}^2\sin^2\theta-1}}A_\mathrm{p}\,e^{-z/z_\mathrm{ev}}\,e^{-i(k_2n_{12}\sin\theta)x} \qquad (3.42)$$

となるので

$$E_x = -i\sqrt{n_{12}{}^2\sin^2\theta-1}\,E_\mathrm{p}'' \qquad (3.43)$$

$$E_z = -n_{12}\sin\theta\,E_\mathrm{p}'' \qquad (3.44)$$

$$H_y = \varepsilon_2 v_2 E_\mathrm{p}'' \qquad (3.45)$$

となる。他の成分は $E_y=H_x=H_z=0$ である。

　そうすると，ポインティングベクトルの z 成分は

$$S_z = E_xH_y-E_yH_x = E_xH_y$$

であるが，E_x と H_y は (3.43) と (3.45) で明らかなように位相が $90°$ 違っているので S_z の時間平均は0になる。しかし x 成分は

$$S_x = E_yH_z-E_zH_y = -E_zH_y$$

であって，E_z と H_y は (3.44) と (3.45) で表わされるように($\sin\theta>0$ とすると)逆位相であるから，時間平均は正の値をとる。すなわち，エバネッセント波のエネルギーは境界面に沿って入射面内を x 方向に流れている。これは，入射光が幾何学的な境界面 $z=0$ で直ちに全反射されるのでなく，深さ z_ev 程度まで $z>0$ の側に浸み込んでから反射されるためである，と考えることができる。実際，細い光線束を全反射させると，入射光線束と反射光線束とが図3.2に示すように少しずれる。これを，グース・ヘンシェンシフト (Goos-Hänchen shift) という。ずれは，θ が臨界角 θ_c に近いときに大きくなるが，z_ev と同程度

§3.3 全反射　47

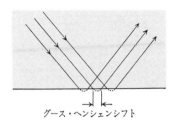

図3.2 全反射におけるグース・ヘンシェンシフト

グース・ヘンシェンシフト

の大きさ，すなわち1波長程度のわずかなものである．

　図3.3に示すように2つの全反射プリズムを並べてその間隔を1波長程度に近づけると，上側のプリズム面の全反射で生じたエバネッセント波が下側のプリズムに結合し，点線に示すような光が下側のプリズムから出てくる．その結合度は両プリズムの2面の間隔によって著しく変わる．このような原理の結合は自由空間の光ビームと薄膜導波光との結合などにも利用されている．

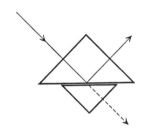

図3.3 エバネッセント波によるプリズム結合

　全反射では光強度の反射率は1であるが，位相のずれがあるので振幅反射率は1にならない．(3.27)と(3.33)から計算すると，

$$r_p = \frac{\cos\theta + in_{12}\sqrt{n_{12}^2\sin^2\theta - 1}}{\cos\theta - in_{12}\sqrt{n_{12}^2\sin^2\theta - 1}}$$

$$r_s = \frac{n_{12}\cos\theta + i\sqrt{n_{12}^2\sin^2\theta - 1}}{n_{12}\cos\theta - i\sqrt{n_{12}^2\sin^2\theta - 1}}$$

となる．これらの絶対値は1であるから

$$r_p = e^{i\delta_p}, \quad r_s = e^{i\delta_s} \tag{3.46}$$

とすると，位相角 δ_p と δ_s は

$$\tan\frac{\delta_p}{2} = \frac{n_{12}\sqrt{n_{12}^2\sin^2\theta - 1}}{\cos\theta} \tag{3.47}$$

$$\tan\frac{\delta_s}{2} = \frac{\sqrt{n_{12}{}^2 \sin^2\theta - 1}}{n_{12}\cos\theta} \tag{3.48}$$

で与えられる．図3.4は$n_{12}=1.52$の場合，振幅反射率の位相δ_pとδ_sの入射角θによる変化を示す．

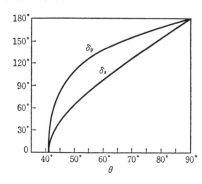

図3.4 反射波の位相角と入射角θとの関係($n_{12}=1.52$)

全反射による位相のずれは図3.4でわかるように大きく，しかもp成分とs成分でかなり差がある．(3.47)と(3.48)から計算すると，両成分の位相差は

$$\delta_p - \delta_s = 2\tan^{-1}\left(\frac{\cos\theta\sqrt{n_{12}{}^2 \sin^2\theta - 1}}{n_{12}\sin^2\theta}\right) \tag{3.49}$$

となる．$n_{12}=1.52$とすると，θが約47.5°または55.5°で$\delta_p-\delta_s$が45°($\pi/4$)になる．そこで，図3.5のようなプリズムを作って，2回全反射させると，p成分とs成分の位相差が90°になる．これを**フレネルの斜方プリズム**(Fresnel's rhomb)といい，波長依存性の少ない1/4波長板として利用される．

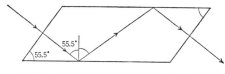

図3.5 フレネルの斜方プリズム($n_{12}=1.52$)

透明媒質の境界では，全反射以外の振幅反射率と透過率は実数であって，rとdの位相は0またはπである．しかし半導体や金属ではその電気伝導率をσとすると，$i=\sigma E$であるから，角周波数がωのとき(3.2)の右辺は$D=\varepsilon' E$と

すると
$$i + \frac{\partial D}{\partial t} = (\sigma + i\omega\varepsilon')E$$
となる．これは，$\varepsilon''=\sigma/\omega$ として複素誘電率
$$\varepsilon = \varepsilon' - i\varepsilon'' \tag{3.50}$$
を用いて $i=0$ としたものと等しい．そこで屈折率も複素数
$$\eta = \eta' - i\kappa \tag{3.51}$$
で表わされ，その実部 η' と虚部 κ はそれぞれ
$$\eta' = \frac{1}{2\varepsilon_0}\left[\{(\varepsilon')^2+(\varepsilon'')^2\}^{1/2}+\varepsilon'\right]^{1/2} \tag{3.52}$$
$$\kappa = \frac{1}{2\varepsilon_0}\left[\{(\varepsilon')^2+(\varepsilon'')^2\}^{1/2}-\varepsilon'\right]^{1/2} \tag{3.53}$$
となる．ただし $\mu=\mu_0$ としている．κ は**消衰定数**(extinction constant)とよばれている．

§3.4　ファブリー・ペロー共振器

2枚の平面反射鏡をある間隔で平行に向かい合わせると，特定の周波数の電磁波で共振する．これはもっとも基本的な光共振器であって，**ファブリー・ペロー**(Fabry-Perot)**共振器**とよばれる．

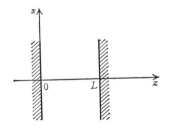

図3.6　ファブリー・ペロー共振器の座標

図3.6に示すように反射面に垂直に z 軸をとり，$z=0$ と $z=L$ に反射面があるとする．偏光の方向に x 軸をとり，反射面は完全導体であるとする．z 方向に進む電磁波は一般に(3.15)で表わされるが，$z=0$ の完全導体面では $E_x=0$ であるから，$F_1=-F_2$ となる．したがって $A_x=2iF_2$ と書けば

50   第3章　電磁光学

$$E_x = A_x \, \mathrm{e}^{i\omega t} \sin kz \tag{3.54}$$

と表わされる．次に，$z=L$ でも同様に $E_x=0$ とならなければならないから，$\sin kL=0$, したがって

$$k = \frac{n\pi}{L}, \qquad \omega = \frac{n\pi c}{L} \tag{3.55}$$

のものだけが許される．ただし n は整数であって，L が光の波長にくらべてずっと長いときには，n は非常に大きな数である．波長を λ とすれば $k=2\pi/\lambda$ であるから，(3.55)は L が半波長 $\lambda/2$ の整数 n 倍になることを意味している．

　いまは L を固定して考えると，(3.55)はファブリー・ペロー共振器の固有波数と固有角周波数を表わしている．**固有モードの空間関数は $\sin kz$ で表わされ，モードの次数 n はモード関数の**（$0\leqq z\leqq L$ の範囲にある）腹または節の数に等しい*．時間的，空間的に任意の変化をする電磁場は，これらの固有モードの重ね合わせによって表わされる．数学的には $z=0$ と $z=L$ で 0 となる任意の関数 $f(z)$ が(3.55)を固有値とする固有関数(3.54)で展開され**，これはフーリエ展開としてよく知られている．

　$z=0$ と $z=L$ とが完全反射面でないときには，両面で $E_x\neq0$ である．このときでも，$0<z<L$ の範囲の任意の電磁場を表わす関数 $f(z)$ を展開することができ

$$f(z) = \sum_{n=0}^{\infty} \left(A_n \sin \frac{2\pi nz}{L} + B_n \cos \frac{2\pi nz}{L} \right) \tag{3.56}$$

と表わされる．この式は $z=0\sim L$ の外でも L を周期として同じ関数形を繰り返す．すなわち任意の z に対して

$$f(z+L) = f(z)$$

となっている．この場合，$0\sim L$ の電磁場の固有モード関数は $\sin kz$ と $\cos kz$ であって，(3.56)からわかるように，$k=2n\pi/L$ である．したがって完全反射面の場合の固有モード(3.55)とくらべると，固有モードの間隔が2倍になって

---

　*　節の数を算えるのに，両端は合わせて1つとする．
　**　ある時刻 t の電磁場をきめれば，任意の時刻の電磁場はマクスウェルの式に従ってきまっている．

§3.5 ファブリー・ペローの干渉計　51

いる．しかし固有関数が sine と cosine の2通りあるので，実質的には等価である．

不完全反射面の間の電磁場を(3.56)のように表わすことは，$z=0$ の面の付近と $z=L$ の面の付近の電磁場がそれぞれ等しいという境界条件で固有モードをきめたことと同等である．このような境界条件を周期的境界条件といい，$E(x, y, z, t)$ について書くと

$$E(z=0) = E(z=L), \qquad \frac{\partial E}{\partial z}(z=0) = \frac{\partial E}{\partial z}(z=L) \qquad (3.57)$$

である．

一般に電磁場の諸問題を調べるとき，数学的に無限に広い空間を考えると，積分が発散したり，無限大と無限小の積が不定になったりして取扱いに困ることが多い．実際の物理的観測では全宇宙を含む無限大の空間を問題にしているのではないから，観測に関与する空間より大きい空間として1辺の長さが L の立方体の中だけを考えるのが便利である．このとき，立方体の面では周期的境界条件を仮定する．したがって体積 L^3 の物理的対象としている空間の外に，数学的には立方格子状に同じ電磁場が繰り返されている．上述のファブリー・ペロー共振器の取扱いは，その1次元的な例題である．3次元空間の電磁波のモードについては第4章で述べる．

§3.5　ファブリー・ペローの干渉計

ファブリー・ペローの干渉計は，透過性の平面反射鏡2枚を平行においたもので，図3.7に示すように，2枚の反射鏡を向かい合わせて，その間を真空または空気などの気体にしたもの(a)と，ガラスなどの透明固体の板の両面を平行平面反射鏡にしたもの(b)とがある．これにいろいろの方向から単色光を入れて，透過光の方向分布を観測すると，図3.8のように同心円の干渉縞が見られる．実験では，単色スペクトル光源と干渉計との間にすりガラスをおいて光源の光を散乱させ，干渉計を通して低倍率の望遠鏡で見るか，無限遠に焦点を合わせたカメラで写真にとることが多い．

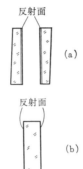

図3.7 ファブリー・ペローの干渉計.(a) 空気間隙,(b) 透明固体間隙.

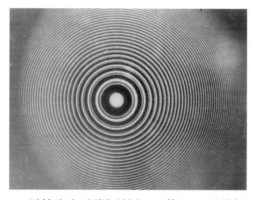

図3.8 ファブリー・ペローの干渉稿(光源にはわずかに波長の異なる2つの成分があるので,各リングが2重になっている)

2つの反射平面の振幅反射率 r が等しく,振幅透過率 d も等しく,反射面は $z=0$ と $z=L$ にあって互いに向き合っているとする.一般に r も d も入射角と偏光方向の関数であるが,フレネルの式でわかるように,入射角が小さいときは事実上一定の実数とみなして差し支えない*.いま角周波数 ω の入射光の波動ベクトル $\boldsymbol{k}$ が xz 面内にあるとすれば,$z=0$ の面を透過して $z=L$ の面に入射する光の電場は $e^{i\omega t}$ の項を略して書くと

$$E_i(x, y, z) = E_0 d \exp[-ik(x\sin\theta + z\cos\theta)] \tag{3.58}$$

と表わされる.ただし E_0 は干渉計の外から入射する光電場の振幅である.

光は $z=0$ と $z=L$ の両反射面で繰り返し反射されながら図3.9のように進

---

　* 位相のずれがあるときは,幾何学的表面から少し離れた等価的反射面を考えて r が正の実数になるようにすることができる.

§3.5 ファブリー・ペローの干渉計

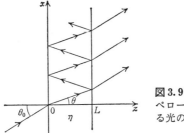

図3.9 ファブリー・ペローの干渉計における光の行路

むので、透過光の電場は下記の等比級数で表わされる.

$$E_d(x, y, z) = E_0 d^2 \exp[-ik(x\sin\theta + L\cos\theta)]$$
$$\times \{1 + r^2 e^{-2ikL\cos\theta} + r^4 e^{-4ikL\cos\theta} + \cdots\}$$
$$= \frac{E_0 d^2 \exp[-ik(x\sin\theta + L\cos\theta)]}{1 - r^2 \exp(-2ikL\cos\theta)} \quad (3.59)$$

ただし、干渉計の前後 $z<0$ と $z>L$ にある媒質の屈折率は等しいとする. なお、θ は $0<z<L$ における入射角であるから、干渉計の外部の屈折率が1で内部が η のとき、$\theta \ll 1$ ならば外部での入射角は $\theta_0 = \eta\theta$ となる. 透過光の強さは $|E_d|^2$ に比例するから、入射光の強さを I_0 とすれば、(3.59)から

$$I_d = \frac{I_0 D^2}{1 + R^2 - 2R\cos(2kL\cos\theta)} \quad (3.60)$$

となる. ただし $R = r^2$, $D = d^2$ である*.

角周波数 ω, 反射面の間隔 L, または入射角 θ によって $kL\cos\theta$ が変わるとき、干渉計の透過率 I_d/I_0 は図3.10のように変化する. この図では、反射面で

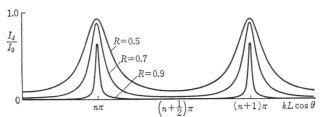

図3.10 反射面の間隔 L または入射角 θ を変えたときの透過率の変化($D = 0.98 - R$ のとき)

---
* 厳密にいうと D は $z=0$ の面と $z=L$ の面の振幅透過率の積である.

54　第3章　電磁光学

の光損失が 2% あると仮定して，$D=0.98-R$ のときの透過率を画いてある．n を整数とすると，$kL\cos\theta=n\pi$ のとき透過率は最大になり，$(n+1/2)\pi$ のとき最小になる．図 3.10 で明らかなように，反射率 R が大きいほど山は鋭くなるが，高さが低く透過率が悪くなる．もしも反射面での損失がまったくなければ $D=1-R$ であって，R の大小にかかわらず透過率の最大値は 1 になる．

垂直入射光に対しては，$\theta=0$，$\cos\theta=1$ であるから，$kL=n\pi$，したがって

$$L = n\frac{\lambda}{2} \tag{3.61}$$

のとき透過率が最大になる．そこで，反射面の間隔 L を変えていくと半波長ごとに透過光の極大が観測される．または L を一定にして ω を変えると

$$\omega = n\frac{\pi c}{L}$$

で透過率が最大になる．これらの条件はファブリー・ペロー共振器の共振条件 (3.55) と同等である．

L が一定の場合，入射角 θ に対する透過率の変化を調べると，

$$kL = n\pi + \phi_0 \qquad (n \text{ は整数，} 0 \leq \phi_0 < \pi) \tag{3.62}$$

とおけば，θ が

$$\cos\theta_m = \frac{(n-m)\pi}{n\pi+\phi_0} \qquad (m=0, 1, 2, \cdots)$$

をみたす θ_m に等しいときに透過率が極大になる．そこで $\theta_m \ll 1$ の場合の近似で $\cos\theta_m = 1 - \frac{1}{2}\theta_m^2$ とおき，$L \gg \lambda$ とすれば $n \gg m=0, 1, 2, \cdots$ であって

$$\theta_m = \sqrt{\frac{2\phi_0}{n\pi} + \frac{2m}{n}} \tag{3.63}$$

となる．とくに $\phi_0=0$ のときは (3.61) を用い

$$\theta_m = \sqrt{\frac{m\lambda}{L}} \tag{3.64}$$

となる．$\phi_0 \neq 0$ のとき，$m=0$ に対する入射角 θ_0 を用いると，(3.63) は

$$\theta_m = \sqrt{\frac{m\lambda}{L} + \theta_0^2}$$

と表わすこともできる．これらの結果から，ファブリー・ペローの干渉計を通

§3.5 ファブリー・ペローの干渉計   55

して単色光源を見ると，図3.8のような同心円状の干渉縞になることがわかる．

　ファブリー・ペローの干渉計を分光計として使うのは，光の周波数が異なると干渉縞の位置が異なるからである．しかし，kL の値が π の整数倍だけ違う2つの光を区別することはできない．それは，次数 n の異なる干渉縞が重なり合うからである．ある次数の干渉縞が他の次数の干渉縞と紛れることのない範囲は $kL = \omega L/v$ が $\pm\frac{\pi}{2}$ 以内に変わる範囲である．この周波数範囲を ω_{FSR} とすると (FSR は free spectral range の略．free とは，他の次数の干渉に妨害されないという意味)

$$\omega_{\mathrm{FSR}} = \frac{\pi v}{L} \tag{3.65}$$

である．これは干渉縞の間隔に相当する角周波数である．実際上は FSR を周波数 (Hz 単位) または波数 (cm^{-1} 単位) で表わすのが普通である．

　ファブリー・ペローの干渉計で波長または周波数を測定するときの精度は干渉縞の鋭さによってきまり，これを表わすフィネス (finesse) $\mathscr{F}$ を次のように干渉縞の間隔と幅との比で定義する．$\theta = 0$ で透過率が最大値の半分になるときの $\phi_0 = \varDelta\phi/2$ は (3.60) と (3.62) から

$$1 + R^2 - 2R\cos\varDelta\phi = 2(1-R)^2$$

によって与えられ，$\varDelta\phi$ は位相角で表わした干渉縞の幅である．上式を解けば ($\varDelta\phi \ll 1$)

$$\varDelta\phi = \frac{1-R}{\sqrt{R}}$$

となる．すなわち干渉縞の幅を角周波数で表わすと

$$\varDelta\omega = \frac{v}{L}\frac{1-R}{\sqrt{R}} \tag{3.66}$$

である．干渉縞の間隔と幅との比，$\pi/\varDelta\phi$ または $\omega_{\mathrm{FSR}}/\varDelta\omega$ をフィネスと定義するので

$$\mathscr{F} = \frac{\pi\sqrt{R}}{1-R} \tag{3.67}$$

となる．ファブリー・ペローの干渉計のフィネスは通常 $\mathscr{F} = 10 \sim 100$ であるが，

可視域でとくに高性能のものでは $\mathcal{F}$ が200以上のものもある.

最後に，2枚の反射面の間に生じる光電場を調べておこう．繰返し反射によって内部に生じる光電場は

$$E(x,y,z) = E_0 d\,\mathrm{e}^{-ikx\sin\theta}[\mathrm{e}^{-ikz\cos\theta}+r\,\mathrm{e}^{-ik(2L-z)\cos\theta}]$$
$$\times(1+a+a^2+\cdots)$$
$$a = r^2\,\mathrm{e}^{-2ikL\cos\theta}$$

で表わされる．大かっこの中の第1項は(3.58)の波，第2項は $z=L$ で反射されて $-z$ 方向に進む波を表わし，a は $z=L$ と 0 と 2 回反射された波の相対的振幅を表わしている．$b=r\,\mathrm{e}^{-2ikL\cos\theta}$ とおくと

$$E(x,y,z) = E_0 d\,\mathrm{e}^{-ikx\sin\theta}\frac{(1-b)\,\mathrm{e}^{-ikz\cos\theta}+2b\cos(kz\cos\theta)}{1-r^2\,\mathrm{e}^{-2ikL\cos\theta}}$$
(3.68)

となる．n を整数とすると，分母は

$$kL\cos\theta = n\pi \tag{3.69}$$

のとき最小になるので，光電場の大きさが最大になる．これは干渉計の透過光が最大になるときである．分子の第1項は z 方向に進む波，第2項は定在波を表わし，n は $z=0$ と L の間に生じる定在波の節の数になる．

§3.6 薄膜導波路

半導体レーザーや光集積回路では，媒質の薄い層に沿って伝わる光が利用されている．このような**光導波路**(optical waveguide)の中で最も簡単なのは，図3.11に示すように薄膜の屈折率 η_1 がその両側にある媒質の屈折率 η_2 よりも大きく，境界面が平面のものである．これは，ファブリー・ペローの干渉計では

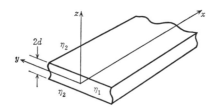

図3.11 簡単な薄膜導波路

面にほぼ垂直に光を入射させるのに対し，面にほぼ平行に光を入射させるのと同じである．そこで膜面に垂直に z 軸をとり，x 方向に伝わる波を考える．

図 3.12 に示すように薄膜の端面に外部(屈折率1)からくる光の入射角を θ とすると，端面の屈折角 φ は $\theta \ll 1$ のとき，$\varphi = \theta/\eta_1$ である．薄膜の境界面に対するこの光の入射角は図 3.12 からわかるように $\pi/2 - \varphi$ であるから，

$$\cos \varphi > \frac{\eta_2}{\eta_1}$$

ならば，光は全反射される．$\theta \ll 1$ では $\cos \varphi = 1 - \frac{1}{2}\varphi^2$ と近似し，屈折率の差を $\Delta \eta = \eta_1 - \eta_2$ とすれば，

$$\frac{1}{2}\left(\frac{\theta}{\eta_1}\right)^2 < \frac{\Delta \eta}{\eta_1} \quad \therefore \quad \theta^2 < 2\eta_1 \Delta \eta \tag{3.70}$$

を満足する入射角 θ で端面に入る光は，境界面で全反射を繰り返しながら膜面に沿って伝わっていく．全反射のときに，グース・ヘンシェンシフトがあり，膜の外側にもエバネッセント波を伴って光が伝わる．このような光導波路を**薄膜導波路**(slab waveguide)という．

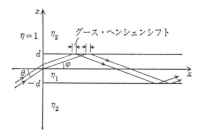

図 3.12 薄膜導波路における光の伝わり方

薄膜導波路に沿って全反射を繰り返し，それらの干渉によって生じる電磁場は，次のようにして求めることもできる．図 3.12 に示すように薄膜の境界面は $z = d$ と $z = -d$ にあり，光の角周波数を ω，x 方向に伝わる光の波長定数を k_x とすれば，光電場は y 方向には一様だから

$$E(z) e^{i\omega t - i k_x x}$$

と書くことができ，その波動方程式は (3.14) から

58   第3章　電磁光学

$$\frac{\mathrm{d}^2 \boldsymbol{E}(z)}{\mathrm{d}z^2} = (k_x{}^2 - k^2)\boldsymbol{E}(z) \tag{3.71}$$

となる．ただし薄膜の内部$(|z|<d)$ではkは$k_1 = \eta_1\omega/c$，外部$(|z|>d)$では$k_2 = \eta_2\omega/c$とする．膜面に沿って伝わる導波光は，膜外$(|z|>d)$では振幅が$|z|$と共に指数関数的に減少するエバネッセント波，膜内$(|z|<d)$では正弦波で表わされる定在波になるものである．(3.71)の解がそうなるためには

$$k_x{}^2 - k_2{}^2 \equiv \gamma^2 > 0, \qquad k_x{}^2 - k_1{}^2 \equiv -\beta^2 < 0 \tag{3.72}$$

でなければならない．

　薄膜導波路を伝わる電磁波には，導波管の中のマイクロ波のように，電場は$E_x = 0$で横成分だけをもつが磁場は$H_x \neq 0$となる **TE波** (transverse electric wave)と，$E_x \neq 0$で磁場は$H_x = 0$で横成分だけをもつ **TM波** (transverse magnetic wave)とがある．

　まず TM 波を考えると，膜内$(|z|<d)$では

$$E_x = A \sin \beta z \quad \text{または} \quad B \cos \beta z \tag{3.73}$$

膜外$(|z|>d)$では

$$E_x = C\,\mathrm{e}^{-\gamma|z|} \tag{3.74}$$

と書ける．いずれも$\mathrm{e}^{i\omega t - ik_x x}$の因子を略している．$A, B, C$は定数であって，境界面$(|z|=d)$で$E_x$が連続であるから

$$C = A\,\mathrm{e}^{\gamma d} \sin \beta d \quad \text{または} \quad B\,\mathrm{e}^{\gamma d} \cos \beta d \tag{3.75}$$

である．薄膜はy方向にも広がっていると仮定しているのでE_yもH_xも0で，他の成分E_zとH_yは次のようにしてH_xで表わすことができる．

　膜内ではマクスウェルの方程式の(3.1)のy成分と(3.2)のz成分はそれぞれ

$$\frac{\mathrm{d}E_x}{\mathrm{d}z} + ik_x E_z = -i\omega\mu_0 H_y \tag{3.76}$$

$$-ik_x H_y = i\omega\varepsilon_1 E_z \tag{3.77}$$

となる$(\varepsilon_1 = \eta_1{}^2\varepsilon_0)$．この両式から$H_y$を消去すれば

$$\frac{\mathrm{d}E_x}{\mathrm{d}z} + ik_x E_z = i\frac{k_1{}^2}{k_x}E_z$$

となるから，$\beta^2 = k_1{}^2 - k_x{}^2$を用いると

$$E_z = -i\frac{k_x}{\beta^2}\frac{\mathrm{d}E_x}{\mathrm{d}z} \tag{3.78}$$

が得られる．(3.77)を用い

$$H_y = i\frac{\omega\varepsilon_1}{\beta^2}\frac{\mathrm{d}E_x}{\mathrm{d}z} \tag{3.79}$$

が求められる．

膜外では ε_1 の代わりに ε_2 になるので，$\gamma^2 = k_x{}^2 - k_2{}^2$ を用いると

$$E_z = i\frac{k_x}{\gamma^2}\frac{\mathrm{d}E_x}{\mathrm{d}z} \tag{3.80}$$

$$H_y = -i\frac{\omega\varepsilon_2}{\gamma^2}\frac{\mathrm{d}E_x}{\mathrm{d}z} \tag{3.81}$$

と表わされる．

このようにして求められる電磁場は，膜内 $(|z|<d)$ では，(3.73), (3.78) と (3.79) から

$$\begin{cases} E_x = A\sin\beta z \\ E_z = -iA\dfrac{k_x}{\beta}\cos\beta z \\ H_y = iA\dfrac{\omega\varepsilon_1}{\beta}\cos\beta z \end{cases} \text{または} \quad \begin{cases} E_x = B\cos\beta z \\ E_z = iB\dfrac{k_x}{\beta}\sin\beta z \\ H_y = -iB\dfrac{\omega\varepsilon_1}{\beta}\sin\beta z \end{cases}$$

膜外 $(z>d)$ では，(3.74), (3.80) と (3.81) から

$$\begin{cases} E_x = A\,\mathrm{e}^{-\gamma(z-d)}\sin\beta d \\ E_z = -iA\dfrac{k_x}{\gamma}\,\mathrm{e}^{-\gamma(z-d)}\sin\beta d \\ H_y = iA\dfrac{\omega\varepsilon_2}{\gamma}\,\mathrm{e}^{-\gamma(z-d)}\sin\beta d \end{cases} \text{または} \quad \begin{cases} E_x = B\,\mathrm{e}^{-\gamma(z-d)}\cos\beta d \\ E_z = -iB\dfrac{k_x}{\gamma}\,\mathrm{e}^{-\gamma(z-d)}\cos\beta d \\ H_y = iB\dfrac{\omega\varepsilon_2}{\gamma}\,\mathrm{e}^{-\gamma(z-d)}\cos\beta d \end{cases}$$

となる．$z<-d$ の膜外も $|z|$ を用いて上式で表わされる．与えられた薄膜で β, γ および k_x は光の周波数とモードによって次のように決まる．

膜面 $z=d$ で H_y は連続であるから，それぞれ

$$\frac{\varepsilon_1}{\beta}\cos\beta d = \frac{\varepsilon_2}{\gamma}\sin\beta d \quad \text{または} \quad -\frac{\varepsilon_1}{\beta}\sin\beta d = \frac{\varepsilon_2}{\gamma}\cos\beta d$$

となる．したがって

$$\tan \beta d = \frac{\varepsilon_1}{\varepsilon_2} \frac{\gamma}{\beta} \quad \text{または} \quad -\frac{\varepsilon_2}{\varepsilon_1} \frac{\beta}{\gamma} \tag{3.82}$$

となる．β の最大値 β_m は (3.72) から

$$\beta_m^2 = k_1^2 - k_2^2$$

であって，これを用いると $\gamma^2 = \beta_m^2 - \beta^2$ と書けるので，(3.82)の条件は

$$\frac{\varepsilon_1}{\varepsilon_2} \frac{\sqrt{\beta_m^2 - \beta^2}}{\beta} = \tan \beta d \quad \text{または} \quad -\cot \beta d \tag{3.83}$$

となる．

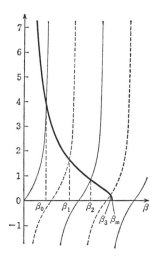

図3.13 太い実線は(3.83)の左辺と β の関係，細い実線は $\tan \beta d$, 破線は $-\cot \beta d$. したがって，$\beta_0, \beta_1, \cdots$ は(3.83)の解．

(3.83)の図式解法を図3.13に示す．(3.83)の左辺は膜の厚さによらない関数であって，太い実線のようになる．$\tan \beta d$ と $-\cot \beta d$ は π/d を周期とする関数であって，それぞれ細い実線と破線で示すようになる．図3.13では $d = 3.2/\beta_m$ の例を画いてある．

$E_x = A \sin \beta z$ となるモードでは実線の交点によって(3.83)の解が表わされ，この図では2つの解が存在する．解を小さい方から順に $\beta_0, \beta_2, \cdots$ とすると，β_0 は $\pi/2$ より少し小さく，β_2 は $3\pi/2$ より少し小さい．そこで電磁場の横成分 H_y と E_z の分布は $\beta = \beta_0$ では図3.14の TM_0 波のようになり，$\beta = \beta_2$ では TM_2 波

§3.6 薄膜導波路   61

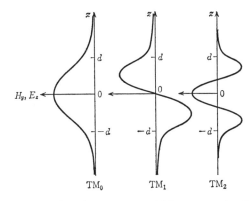

図 3.14 薄膜導波路の各モードの振幅分布

のようになる．膜が厚いほど，β に対する $\tan\beta d$ の周期が短くなるので，より多くの解が存在する．

$E_x = B\cos\beta z$ で表わされるモードの解は，図 3.13 の破線と太い実線の交点で表わされる．このモードの電磁場の横成分 H_y と E_z は奇関数であって，解を $\beta_1, \beta_3, \cdots$ で表わす．$\beta = \beta_1$ の TM_1 波が図 3.14 に示されている．膜が薄いと TM_1 波の解は存在しなくなり，TM_0 波だけになることが図 3.14 を見て考えればわかる．膜の厚さ $2d$ を一定とした場合，TM_0 波はいくら低周波の光でも伝わるが，$n=1, 2, \cdots$ の TM_n 波はそれぞれの遮断周波数より高周波でないと伝わらない．

TE 波については，上述の TM 波の E と H を入れかえ，係数を修正した式が成り立つ．TE 波の偶数モードまたは奇数モードの伝搬定数 (β, γ, k_x) をきめる特性方程式は (3.83) の代わりに

$$\frac{\sqrt{\beta_m^2 - \beta^2}}{\beta} = \tan\beta d \quad \text{または} \quad -\cot\beta d \tag{3.84}$$

で与えられ，(3.72) は変わらない．(3.83) にある係数 $\varepsilon_1/\varepsilon_2$ は $(\eta_1/\eta_2)^2 = n_{12}^2$ に等しいから 1 より大きいが，1 に近い値をもつので，TE_n 波の E_y の z 分布は，図 3.14 に示す TM_n 波の H_y の分布とほとんど同じになる．

TE_0 波でも TM_0 波と同様に遮断周波数はないが，d にくらべて波長が長くなるほど γ が小さくなり，光のエネルギーの大部分は薄膜の外部を膜面に沿っ

て流れるようになる．TE$_n$波とTM$_n$波の遮断周波数ν_nは，(3.83)と(3.84)で$k_x=0$, $\beta=\beta_n$とおくことにより

$$\tan\beta_n d = 0 \quad \text{または} \quad \cot\beta_n d = 0$$

となるから，

$$\nu_n = n\frac{v_1}{4d}$$

となる．遮断波長を屈折率η_1の媒質中の波長で示すと

$$\lambda_n = \frac{4d}{n}$$

すなわち，膜厚$2d$が遮断波長の半分の整数倍になる．

実際に使われる光導波路では薄膜の上下の屈折率の異なる場合が多い．また，横方向の分布を制限するため，図3.15に示すような断面の導波路が用いられる．このような長方形断面を伝わる光の電磁場を簡単に記述することはできないが，基本的な特性はこの節で述べたことを応用して理解できる．光ファイバーについても同様である．円形断面をもつ光ファイバーでは，円筒座標(r, θ, z)を用い，屈折率が半径の関数$\eta(r)$になるときの波動方程式を論じればよい．$r<a$で$\eta(r)=\eta_1$, $r>a$で$\eta(r)=\eta_2$ ($<\eta_1$) となるステップ形屈折率分布(図3.16)では，波動方程式の解はベッセル関数とノイマン関数とで記述される．

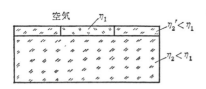

図3.15 長方形断面の光導波路

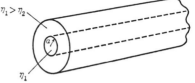

図3.16 光ファイバー

§3.7 ガウスビーム

これまでこの章では光の電場と磁場をマクスウェルの方程式に従うベクトルとして波動方程式(3.8)を取り扱った．しかし，通常の波動光学では，スカラー

変数 u の波動方程式

$$\nabla^2 u + k^2 u = 0 \tag{3.85}$$

を用いて，回折，干渉，複屈折による偏光などが充分よく説明される．これはベクトルの1成分だけを取り扱ったことに相当し，(3.85)は，**ヘルムホルツ(Helmholtz)方程式**とよばれている．一般に媒質のスケールが波長にくらべて大きいときには，光はほとんど完全な横波になるので，スカラー近似が成り立つ．この節では，ヘルムホルツ方程式を用いて単色光ビームの特性を調べることにする．任意の電磁場が平面波または球面波のモードに展開して表わされることはよく知られているが，任意の軸に沿って進む光ビームはその軸のまわりの**エルミート・ガウス(Hermite–Gauss)モード**で近似的に展開して表わすことができる．

光ビームに沿って z 軸をとり，媒質の(平面波に対する)波長定数を k として

$$u = f(x, y, z)\,e^{-ikz} \tag{3.86}$$

とおく．光ビームを表わす解では，x や y がある程度以上大きくなると f はほとんど0になり，また f は，z についてはゆるやかに変化する関数である．そこで z についての f の2次微分が無視できるとすると，ヘルムホルツ方程式(3.85)は

$$\frac{\partial^2 f}{\partial x^2} + \frac{\partial^2 f}{\partial y^2} - 2ik\frac{\partial f}{\partial z} = 0 \tag{3.87}$$

となる．

この方程式を解くのに，横座標を規格化して

$$\xi = \frac{x}{\sqrt{F(z)}} \qquad \eta = \frac{y}{\sqrt{F(z)}} \tag{3.88}$$

とおいて

$$f(\xi, \eta, z) = X(\xi)Y(\eta)G(z)\exp(-\xi^2 - \eta^2) \tag{3.89}$$

の形の解を求める．これを ξ で微分すれば

$$\frac{\partial f}{\partial \xi} = \frac{f}{X}(X' - 2\xi X)$$

64   第3章　電磁光学

$$\frac{\partial^2 f}{\partial \xi^2} = \frac{f}{X}(X'' - 4\xi X' + 4\xi^2 X - 2X)$$

である．そして(3.88)から

$$\frac{\partial^2 f}{\partial x^2} = \frac{1}{F} \cdot \frac{\partial^2 f}{\partial \xi^2}$$

であって，Yについても同様であるから

$$\frac{\partial^2 f}{\partial x^2} + \frac{\partial^2 f}{\partial y^2} = \frac{f}{F}\left(\frac{X''}{X} - 4\xi\frac{X'}{X} + \frac{Y''}{Y} - 4\eta\frac{Y'}{Y} + 4\xi^2 + 4\eta^2 - 4\right)$$

となる．次に $\partial\xi/\partial F = -\xi/F$，$\partial\eta/\partial F = -\eta/F$ を用いると，(3.87) の左辺の第3項は

$$2ik\frac{\partial f}{\partial z} = 2ik\left[-\frac{F'}{2F}\left(\xi\frac{X'}{X} + \eta\frac{Y'}{Y} - 2\xi^2 - 2\eta^2\right) + \frac{G'}{G}\right]f$$

となる．そこで方程式(3.87)は無意味な解 $f=0$ を別にして

$$\frac{X''}{X} - 4\xi\frac{X'}{X} + \frac{Y''}{Y} - 4\eta\frac{Y'}{Y} + (\xi^2 + \eta^2)(4 - 2ikF') - 4$$

$$+ ikF'\left(\xi\frac{X'}{X} + \eta\frac{Y'}{Y}\right) - 2ikF\frac{G'}{G} = 0 \qquad (3.90)$$

のように書換えられる．これが ξ, η の任意の値で成立つためには，まず

$$4 - 2ikF' = 0$$

でなければならない．そこで $F'=2/ik$ を積分することにより

$$F(z) = \frac{2}{ik}(z+C) \qquad (3.91)$$

が得られる．積分定数 C は一般に複素数であるから，その実部を $-z_0$ とすると

$$F(z) = \frac{2(z-z_0+il)}{ik} = \frac{2(z-z_0)}{ik} + w_0{}^2 \qquad (3.92)$$

と書ける．ここで，l はレイリー長，w_0 は最小ビーム半径と呼ばれている．

次に，変数分離定数を $2n$, $2m$ とすれば

$$X'' - 2\xi X' + 2nX = 0, \qquad Y'' - 2\eta Y' + 2mY = 0$$

となるので，n, m を整数として，これらの解はエルミートの多項式

$$X(\xi) = H_n(\xi), \quad Y(\eta) = H_m(\eta) \tag{3.93}$$

で与えられる．そして

$$\frac{G'}{G} = \frac{2n+2m+4}{4(z+il)}$$

となるから，これを積分して積分定数を A_{nm} とすれば

$$G(z) = A_{nm}(z+il)^{-(n+m+2)/2} \tag{3.94}$$

が得られる．そこで，方程式(3.87)の解はエルミート・ガウス分布

$$f(x,y,z) = H_n\left(\frac{x}{\sqrt{F}}\right)H_m\left(\frac{y}{\sqrt{F}}\right)\frac{A_{nm}}{(z+il)^{(n+m+2)/2}}\exp\left[-\frac{x^2+y^2}{F}\right] \tag{3.95}$$

となる．ここで $l=kw_0{}^2/2$ で，F は(3.92)で与えられる．

1つの軸の近くにだけ分布する光ビームのヘルムホルツ方程式を解くときに円筒座標を使うと，固有モードの分布はラゲール(Laguerre)の多項式とガウス分布関数の積の形で表わされる．いずれにしても，最低次のモードはガウス分布になる．ガウスビーム(Gaussian beam)というのは，この最低次のモードの光を指すのが普通である．

レーザービームの光学で重要なガウスビームの基本的特性をまとめておこう．基本モードの解は上述の計算で $n=m=0$ の場合である．このとき(3.95)は x と y についてガウス分布になる．$F(z)$ は複素数であるから，$1/F(z)$ を実部と虚部に分けると(3.92)から

$$\frac{1}{F(z)} = \frac{k^2w_0{}^2+2ik(z-z_0)}{k^2w_0{}^4+4(z-z_0)^2} \tag{3.96}$$

となる．そこで，z 軸上の位置 z におけるビーム半径は

$$w(z) = w_0\sqrt{1+\frac{4(z-z_0)^2}{k^2w_0{}^4}} \tag{3.97}$$

で与えられる．(3.96)の虚部は(3.86)の e^{-ikz} と合わせてみると，$x^2+y^2=r^2$ と書けば

$$\exp\left[-ik\left\{z+\frac{2(z-z_0)r^2}{k^2w_0{}^4+4(z-z_0)^2}\right\}\right]$$

となるので，図3.17に示すように波面が湾曲する．この波面の曲率半径を R

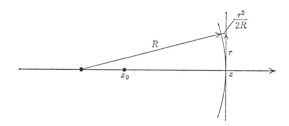

図 3.17 波面のずれと曲率半径 R

とすれば，波面の変位が

$$\frac{2(z-z_0)r^2}{k^2w_0^4+4(z-z_0)^2} = \frac{r^2}{2R}$$

であるから

$$R(z) = (z-z_0)\left\{1+\frac{k^2w_0^4}{4(z-z_0)^2}\right\} \qquad (3.98)$$

となる．$z=z_0$ で $R=\infty$，z が z_0 から離れると，$R\approx z-z_0$ となる．

ガウスビームの軸上の複素振幅は $G(z)$ で表わされるが，$n=m=0$ では，(3.94) と (3.90) から

$$G(z) = \frac{2A}{ikF(z)}$$

となる．この位相角を $\phi(z)$ とすれば，(3.96)から

$$\tan\phi = -\frac{kw_0^2}{2(z-z_0)} \qquad (3.99)$$

であるから，定数を書き変えて $A_0 = 2A/kw_0$ とすると，

$$G(z) = \frac{A_0}{w}e^{i\phi}$$

となる．そこで結局ガウスビームの振幅は $r=\sqrt{x^2+y^2}$ の場所で

$$u(r,z) = \frac{A_0}{w}\exp\left\{-\frac{r^2}{w^2}-ik\left(z+\frac{r^2}{2R}\right)+i\phi\right\} \qquad (3.100)$$

と表わされる．w, R, ϕ は上に計算したように z についてゆるやかに変わる関数である．

位相角の z に対する変化を図解で示すと，図 3.18 のようになる．このとき，

§3.7 ガウスビーム

斜線の長さは w に比例していることが (3.97) からわかる. z を $-\infty$ から増すにつれて ϕ は 0 から増加して $z=z_0$ で 90° になり, $z=+\infty$ で 180° になる. 前述のように $z=z_0$ でビーム半径がもっとも小さくなり, このとき波面(等位相面)は平面になる. しかしその付近での波長は横に広い分布をもつ平面波の波長よりも長くなっている. ガウスビームの波面, およびそれに垂直な光線を画くと図3.19のようになる.

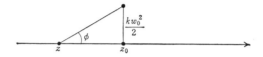

図 3.18 位相角 ϕ と位置 z との関係

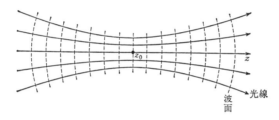

図 3.19 ガウスビームにおける波面(破線)と光線の流れ(実線)

z がくびれの位置 z_0 から遠方では, ビーム半径は $|z-z_0|$ に比例する. そこで遠方でガウスビームの振幅が $1/e$ になる半幅角 $\Delta\theta$ は, (3.97) から

$$\Delta\theta = \frac{2}{kw_0} = \frac{\lambda}{\pi w_0}$$

となる. したがって, 最小ビーム直径 $2w_0$ と遠方でのビーム広がり角 $2\Delta\theta$ との積は $(4/\pi)\lambda$, すなわちおよそ 1 波長になる.

光の放出と吸収

_____ 第**4**章

　物質による光の放出と吸収の研究から，分光分析，原子物理学，量子力学などが生まれ，さらにメーザーやレーザーも発明された．物質による光のエネルギーの放出と吸収は光量子を単位として不連続的に起こることがわかり，それが今世紀における量子物理学の発展の基礎になった．光のエネルギーが量子化されなければならないことを最初に明らかにしたプランク (Planck) の熱放射式を導く前に，まず電磁波のモード密度を計算しておくことにしよう．

§4.1　電磁波のモード密度

　閉じた空間の電磁場，あるいはレーザー共振器のように実効的に光が閉じ込められている場合には，その閉じた空間あるいはレーザー共振器の固有モードで電磁場を展開するのがもっとも便利である．しかし，ある物体から自由空間への光の放出などを考えるときに，無限に広い自由空間をとると，連続的に分布するモードを取り扱わなければならない．この場合，前章に述べたように充分に大きいが有限の空間に電磁場を限定すれば，固有モードは離散的になるので取り扱い易い．直交座標系を使うときには，x, y, z の各方向の大きさが L の立方体をとるのがふつうである．L は物体の大きさや光の波長よりずっと長くなければならないのは当然であるが，原子と光の相互作用を考えるようなときに，原子の励起状態の寿命を τ_a とすると，$L \gg c\tau_a$ でなければならない．

　このような大きさをもつ立方体の中の電磁場の固有モードを考え，空間の単位体積あたりのモード数を求めよう．直交座標系の単位ベクトルを $\hat{x}, \hat{y}, \hat{z}$ とすれば，任意の方向に進む平面波の波数ベクトル $\boldsymbol{k}$ は

§4.1 電磁波のモード密度　69

$$\boldsymbol{k} = k_x\hat{x} + k_y\hat{y} + k_z\hat{z} \tag{4.1}$$

と表わすことができる．この波数ベクトルをもつ平面電磁波の複素振幅は

$$A \exp(i\omega t - i\boldsymbol{k}\cdot\boldsymbol{r})$$

と書ける．ここに A は振幅の大きさと位相を表わす複素数，ω は角周波数，$\boldsymbol{r}$ は位置ベクトル $\boldsymbol{r}=x\hat{x}+y\hat{y}+z\hat{z}$ である．

まず，1辺の長さ L の立方体の表面で周期的境界条件が成り立つ場合のモード密度を計算しよう．$x=0$ と $x=L$ での境界条件が等しいことから，固有モードは

$$\exp(ik_xL) = 1 \qquad \therefore \quad k_x = \frac{2\pi}{L}n_x$$

できまる．同様にして

$$k_y = \frac{2\pi}{L}n_y, \qquad k_z = \frac{2\pi}{L}n_z$$

となる．ただし，n_x, n_y, n_z は整数で，0でも正でも負でもよい．これから $k^2 = k_x{}^2 + k_y{}^2 + k_z{}^2$ を求めると，

$$k^2 = \left(\frac{2\pi}{L}\right)^2 (n_x{}^2 + n_y{}^2 + n_z{}^2) \tag{4.2}$$

である．簡単のため，空間は真空であるとすれば，この n_x, n_y, n_z できまるモードにある光の角周波数は $\omega=kc$ で与えられ，

$$\omega^2 = \left(\frac{2\pi c}{L}\right)^2 (n_x{}^2 + n_y{}^2 + n_z{}^2) \tag{4.3}$$

となる．n_x, n_y, n_z はとびとびの整数値をとるので，ω もとびとびの値をとる．しかしこの光の波長 $\lambda=2\pi/k$ にくらべて L は遥かに大きいので，$n_x{}^2 + n_y{}^2 + n_z{}^2$ は非常に大きな値（L^2/λ^2 のオーダー）になる．そこで非常に多数のモードが密に存在するので，$\boldsymbol{k}$ 空間を考えて，モード数を次のようにして計算することができる．

上述のように k_x, k_y, k_z はいずれも $2\pi/L$ の整数倍であるから，図4.1に示すように n_x, n_y, n_z を x, y, z 方向にとると，この図で半径 R の球の中にある (n_x, n_y, n_z) の組の数は球の体積 $\frac{4\pi}{3}R^3$ に等しい．1組の (n_x, n_y, n_z) に対して，偏光

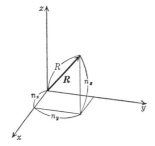

図 4.1 $2\pi/L$ を単位として表わした波数ベクトル $\boldsymbol{R}$ とその x, y, z 成分 (n_x, n_y, n_z)

方向の異なる 2 つの電磁波のモードがあるので，半径 R の中の点で表わされるモードの総数は $2 \times \frac{4\pi}{3} R^3$ となる．$\sqrt{n_x{}^2+n_y{}^2+n_z{}^2}=R$ に対して，$k=\frac{2\pi}{L}R$, $\omega=\frac{2\pi c}{L}R$ であるから，角周波数が 0 から ω までの範囲にある電磁波の固有モードの総数は

$$2 \times \frac{4\pi}{3}\left(\frac{\omega L}{2\pi c}\right)^3 = \frac{\omega^3}{3\pi^2 c^3} L^3 \tag{4.4}$$

である．したがって，角周波数が ω と $\omega+d\omega$ の間にあるモード数は上式を微分することにより

$$\frac{\omega^2}{\pi^2 c^3} L^3 d\omega$$

で与えられる．立方体の体積は L^3 であるから，空間の単位体積あたりのモード数，すなわち**モード密度**(mode density)は，角周波数 ω と $\omega+d\omega$ の間で

$$m(\omega)\,d\omega = \frac{\omega^2}{\pi^2 c^3} d\omega \tag{4.5}$$

と表わされる．

　この結果は，周期的境界条件でなく完全導体で囲まれた空間についても，同じになることを念のために示しておこう．この場合の電磁波のモードは§3.2 で述べたファブリー・ペロー共振器のモードを 3 次元に拡張したものとみなすことができ，固有モードは x, y, z 各方向の定在波の組合せで表わされる．ある方向の定在波は $+\boldsymbol{k}$ 方向の進行波と $-\boldsymbol{k}$ 方向の進行波の重ね合わせであるから，$\boldsymbol{k}$ の符号を変えても同じモードの定在波を表わす．そこで，モードの数を算えるのに n_x, n_y, n_z は正の整数だけを考える．$x=0$ と L, $y=0$ と L, $z=0$

§4.2 プランクの熱放射式 71

と L の境界条件から，§3.2における(3.55)と同様に

$$k_x = \frac{\pi}{L} n_x, \qquad k_y = \frac{\pi}{L} n_y, \qquad k_z = \frac{\pi}{L} n_z$$

でなければならない．したがって

$$\omega^2 = \left(\frac{\pi c}{L}\right)^2 (n_x{}^2 + n_y{}^2 + n_z{}^2)$$

となる．そこで，角周波数が $0 \sim \omega$ の範囲にある定在波のモード数は，半径 R $= \omega L/\pi c$ の球の中で，n_x, n_y, n_z が正となる1/8部分の体積を求め，偏光が2通りあるから，さらにそれを2倍した数になる．それは

$$\frac{2}{8} \times \frac{4\pi}{3} \left(\frac{\omega L}{\pi c}\right)^3 = \frac{\omega^3}{3\pi^2 c^3} L^3$$

であるから，(4.4)と同じになる．結局，完全反射鏡で囲まれた空間の電磁波のモード密度も前と同じく(4.5)で与えられることがわかる．

なお，角周波数でなく，周波数 $\nu = \omega/2\pi$ と $\nu + d\nu$ の間のモード密度を求めると，(4.5)の代わりに

$$m(\nu)\, d\nu = \frac{8\pi\nu^2}{c^3}\, d\nu \tag{4.6}$$

が得られる．

§4.2 プランクの熱放射式

統計力学によれば，温度 T で熱平衡状態にある振動子のエネルギーが U と $U + dU$ の間に分布する確率は

$$p(U)\, dU = \frac{1}{k_B T} e^{-U/k_B T}\, dU \tag{4.7}$$

で表わされる．これをカノニカル分布(canonical distribution)といい，$k_B =$ 1.38×10^{-23} J/K はボルツマン定数である．一定温度では，エネルギーが高い程，分布確率は図4.2に示すように減少する．低温ではエネルギーが0の近くに分布確率が集まり，高温ではエネルギーの高い方まで広く分布する．

いわゆる黒体の熱放射は，高温の物体と熱的平衡になっている電磁波(光)で

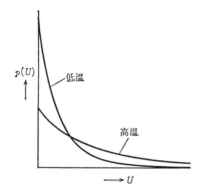

図4.2 熱平衡のエネルギー分布(4.7)のグラフ

あるとみなされる.そうすると各モードのもつ電磁波のエネルギーはカノニカル分布(4.7)をとることになるが,固有モード周波数の電磁波のエネルギー U が連続的な値をとるとする限り,どうしても実測される黒体放射のスペクトル分布を説明することができない.

1900年にプランク(Planck)は,電磁波のエネルギー U が連続的な値をとらないで,$n=0,1,2,\cdots$ に比例する不連続な値

$$U = nh\nu = n\hbar\omega \qquad (4.8)$$

だけをとると仮定して,黒体放射のスペクトルを見事に説明することができた.ここで $h=2\pi\hbar=6.626\times10^{-34}$ J·s はプランク定数とよばれるようになり,(4.8)はエネルギー $\hbar\omega$ をもつ光子が n 個ある状態と考えられる.電磁波のエネルギーが(4.8)で表わされるとびとびの値しかとれないとすると,熱平衡でカノニカル分布をしているときのエネルギーの分布は図4.3のようになる.このとき平均のエネルギー W_{th} は

$$W_{\mathrm{th}} = \frac{\sum_{n=0}^{\infty} n\hbar\omega\, e^{-n\hbar\omega/k_{\mathrm{B}}T}}{\sum_{n=0}^{\infty} e^{-n\hbar\omega/k_{\mathrm{B}}T}} \qquad (4.9)$$

で計算され,角周波数 ω をもつモードの熱放射エネルギーを与える.いま

$$e^{-\hbar\omega/k_{\mathrm{B}}T} = r$$

とおけば,(4.9)の分母の級数は

§4.2 プランクの熱放射式

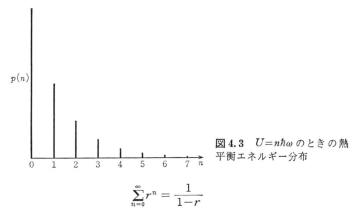

図 4.3 $U=n\hbar\omega$ のときの熱平衡エネルギー分布

$$\sum_{n=0}^{\infty} r^n = \frac{1}{1-r}$$

になり，分子にある級数は

$$\sum_{n=0}^{\infty} n r^n = r \frac{\partial}{\partial r} \sum_{n=0}^{\infty} r^n = \frac{r}{(1-r)^2}$$

となるから，

$$W_{\mathrm{th}} = \hbar\omega \frac{r}{1-r} = \frac{\hbar\omega}{\mathrm{e}^{\hbar\omega/k_\mathrm{B}T}-1} \tag{4.10}$$

が得られる．

この式を見ると，低周波で $\hbar\omega \ll k_\mathrm{B}T$ ならば $W_{\mathrm{th}} \simeq k_\mathrm{B}T$ であって，U が連続的な値をとり得るとした場合と同じになる．しかし，高周波で $\hbar\omega \gg k_\mathrm{B}T$ では，周波数が高くなるにつれて $W_{\mathrm{th}} \to 0$ になり，連続的な値をとり得るとした場合とは著しく異なる．

(4.10)は，温度 T の物体と熱平衡になっている電磁波の1つのモードがもつ平均エネルギーである．前節の結果によれば，角周波数が ω と $\omega+\mathrm{d}\omega$ の間にある電磁波のモード密度は(4.5)で表わされるから，これらすべてのモードにある全熱放射の単位体積あたりのエネルギーは，(4.5)と(4.10)の積で与えられる．すなわち，角周波数が ω と $\omega+\mathrm{d}\omega$ の間にある熱放射のエネルギー密度は

$$W_{\mathrm{th}}(\omega)\,\mathrm{d}\omega = \frac{\omega^2}{\pi^2 c^3} \cdot \frac{\hbar\omega\,\mathrm{d}\omega}{\mathrm{e}^{\hbar\omega/k_\mathrm{B}T}-1} \tag{4.11}$$

で与えられる．周波数 ν で表わせば

$$W_{\mathrm{th}}(\nu)\,\mathrm{d}\nu = \frac{8\pi\nu^2}{c^3} \cdot \frac{h\nu\,\mathrm{d}\nu}{\mathrm{e}^{h\nu/k_{\mathrm{B}}T}-1} \qquad (4.12)$$

となる．これが**黒体放射の式**，または**プランクの熱放射式**とよばれているものである．いくつかの温度に対する黒体放射のスペクトル分布を図4.4に示す．

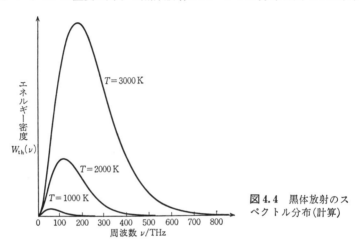

図 4.4 黒体放射のスペクトル分布(計算)

§4.3 自然放出と誘導放出

原子が2つのエネルギー準位 $W_{\mathrm{U}}, W_{\mathrm{L}}$ の間で遷移するとき，上の準位 W_{U} にある原子は光を放出し，下の準位 W_{L} にある原子は光を吸収する．この光の角周波数はボーア(Bohr)の条件

$$\omega = \frac{W_{\mathrm{U}} - W_{\mathrm{L}}}{\hbar} \qquad (4.13)$$

で与えられる．原子でなく，分子，イオン，ラジカル，原子核などでも同様であるが，第4章と第5章ではこれらを総称して原子とよんでおく．

下の準位にある原子による光の吸収は，入射光の強さに比例する．これに対して，上の準位にある原子からの光の放出は，入射光がなくても起こり，これを**自然放出***(spontaneous emission)という．1個の原子が単位時間に自然放出

する確率を A とすると，入射光のエネルギー密度が $W(\omega)$ であるときに上の準位の原子が光を放出する確率は

$$p(\mathrm{U}\to\mathrm{L}) = A_{\mathrm{UL}} + B_{\mathrm{UL}}W(\omega) \tag{4.14}$$

と表わされる．右辺の第2項は入射光の強さに比例して起こる放出であるから，**誘導放出**(induced emission または stimulated emission)とよばれている．下の準位にある原子が光を吸収する確率は

$$p(\mathrm{L}\to\mathrm{U}) = B_{\mathrm{LU}}W(\omega) \tag{4.15}$$

となり，上下準位がそれぞれ1つの固有状態に対応するならば，

$$B_{\mathrm{UL}} = B_{\mathrm{LU}} \tag{4.16}$$

である．

　上の準位は g_{U} 個の固有状態が縮重し，下の準位は g_{L} 重に縮重しているときは，それぞれの固有状態の間の遷移については(4.16)の関係が成り立つので，縮重した状態をひとまとめにして遷移確率を考えると

$$g_{\mathrm{U}}B_{\mathrm{UL}} = g_{\mathrm{L}}B_{\mathrm{LU}}$$

となる．以下とくに断わらない限り，縮重していない1つずつの準位の間の遷移を考えることにする．縮重しているときには，各準位の間の遷移を縮重しているだけ重ね合わせれば，すぐに求められる**.

　(4.14)と(4.15)はアインシュタイン(Einstein)が1916年に導き出した関係であるから，A_{UL} および B_{UL} をそれぞれ**アインシュタインの A 係数**および **B 係数**という．上下準位を指定しなくても差し支えないときは，添字を省いて，それぞれ A および B と書くことにする．

　いま，下の準位に N_{L} 個の原子があるとすると，これらの原子が単位時間に吸収する光のエネルギー，すなわち吸収パワー***は

$$P_{\mathrm{abs}} = \hbar\omega B W(\omega) N_{\mathrm{L}} \tag{4.17}$$

と表わされる．また，上の準位にある N_{U} 個の原子から単位時間に放出される

---

　* 自発放出または自発放射ということもある．
　** ただし，g で割るか，g 倍するかは間違い易い．
　*** 電力または仕事率という用語は，光の power を表わすにはなじみにくいので，かな書きしておく．

76   第4章　光の放出と吸収

光のエネルギー，すなわち放出パワーは

$$P_{\mathrm{eml}} = \hbar\omega\{A + BW(\omega)\}N_{\mathrm{U}} \tag{4.18}$$

となる.

　原子系が温度 T で熱平衡になっているときには，ボルツマン**分布**またはカノニカル分布が成り立っているので

$$N_{\mathrm{U}} = N_{\mathrm{L}}\exp\left(-\frac{\hbar\omega}{k_{\mathrm{B}}T}\right) \tag{4.19}$$

である．黒体の熱放射では，このような原子系と光(電磁波)とが平衡状態にあるので，熱放射のエネルギー密度 $W_{\mathrm{th}}(\omega)$ のもとで吸収パワーと放出パワーが等しい．そこで $W(\omega) = W_{\mathrm{th}}(\omega)$ のとき $P_{\mathrm{abs}} = P_{\mathrm{eml}}$ とすると，(4.17)と(4.18)から

$$W_{\mathrm{th}}(\omega) = \frac{A}{B}\cdot\frac{N_{\mathrm{U}}}{N_{\mathrm{L}} - N_{\mathrm{U}}} \tag{4.20}$$

となる．これに(4.19)を代入すれば

$$W_{\mathrm{th}}(\omega) = \frac{A}{B}\cdot\frac{1}{\mathrm{e}^{\hbar\omega/k_{\mathrm{B}}T} - 1} \tag{4.21}$$

が得られる.

　量子力学によれば，1つのモードに n 個の光子があるとき，上の準位にある原子から光子が放出される確率は

$$p(\mathrm{U}\to\mathrm{L}) = (n+1)A$$

であり，下の状態にある原子が光子を吸収する確率は

$$p(\mathrm{L}\to\mathrm{U}) = nA$$

である．いまモード密度を $m(\omega)$ とすれば，角周波数が ω と $\omega+\mathrm{d}\omega$ の間には $m(\omega)\mathrm{d}\omega$ 個のモードがある．その各モードにある光子数の平均を n とするとき*，光のエネルギー密度は

$$W(\omega) = m(\omega)n\hbar\omega$$

---

　*　各モードの電磁場は調和振動子として表わされるので，そのエネルギーは n を整数として $\left(n+\frac{1}{2}\right)\hbar\omega$ となるが，$\frac{1}{2}\hbar\omega$ は零点エネルギーであって量子的ゆらぎを与えるが，光のエネルギーの観測にはかからない.

で与えられる．これを用いて上の2式を書きかえれば

$$p(\text{U}\to\text{L}) = \frac{A}{m(\omega)\hbar\omega}W(\omega)+A$$

$$p(\text{L}\to\text{U}) = \frac{A}{m(\omega)\hbar\omega}W(\omega)$$

となる．これらを(4.14)および(4.15)とくらべてみればすぐに

$$B = \frac{A}{m(\omega)\hbar\omega} \tag{4.22}$$

であることがわかる．モード密度の式(4.5)を代入すれば

$$\frac{A}{B} = m(\omega)\hbar\omega = \frac{\hbar\omega^3}{\pi^2 c^3}$$

が得られる．これを(4.21)に代入すれば

$$W_{\text{th}}(\omega) = \frac{\hbar\omega^3}{\pi^2 c^3}\cdot\frac{1}{e^{\hbar\omega/k_{\text{B}}T}-1} \tag{4.23}$$

となるから，前に求めたプランクの熱放射式(4.11)とまったく同じである．

　光の吸収や誘導放出は，入射光の1つのモードでだけ起こるのに対して，自然放出はスペクトル幅 $d\omega$ の中にある $m(\omega)d\omega$ 個のすべてのモードに対して起こるので $A=m(\omega)B\hbar\omega$ となるのである．$\hbar\omega$ が余分についているのは，(4.14)や(4.15)で放出や吸収の確率を光子数ではなくて光のエネルギー密度 $W(\omega)$ を使って表わしているからである．$W(\omega)$ の代わりに光子数の密度 $\rho(\omega)$ を用い，放出確率を $A'+B'\rho(\omega)$ と表わせば，$A'=m(\omega)B'$ になる．なおここでは A と B の比だけを問題にしたが，A と B のそれぞれの値については次節で述べる．

　さて，原子の2つの準位 W_{U} と W_{L} だけを考えると，この原子系が温度 T のときの熱放射には，ボーアの条件(4.13)できまる周波数の単色光だけが存在する．その他の周波数の光に対しては，この原子は相互作用しないので $A=B=0$ であって完全に透明である．これに対して黒体では，エネルギー準位が連続的に分布しているので，どんな周波数の光も吸収し，また放出される．このように連続的にエネルギー準位が分布する場合にも，熱平衡状態ではエネルギーが $\hbar\omega$ だけ上にある準位の原子数は下の準位にある原子数の $\exp(-\hbar\omega/k_{\text{B}}T)$ 倍である．そこで黒体に対しては，任意の周波数に対して(4.23)が成り立つ．

78   第4章　光の放出と吸収

すなわち ω の連続関数として(4.23)が黒体放射のスペクトルを表わす.

§4.2では，光子がカノニカル分布をしているものとして熱放射の式を導いた．それに対してこの節では，原子がボルツマン分布をしていて，光子がこれと熱平衡になっているとして熱放射の式を導き，まったく同じ結果が得られた．プランクの熱放射式が実験結果とよく一致するということは，光のエネルギーが量子化されていることを示すだけでなく，励起原子からの光の放出には自然放出と誘導放出とがあることをも示している．もしも $A=0$ ならば(4.20)または(4.21)から $W_{th}=0$ となり，熱放射は存在しない．$B_{UL}=B_{LU}=0$，または $B_{UL}=0$ で $B_{LU}\neq0$ とすれば，熱放射のスペクトルはまったく違ったものになるからである．

§4.4　双極子放射と自然放出確率

古典電磁気学によれば，電荷が加速度運動するときには電磁波が放射される．単振動する電荷からは，その振動数の電磁波が放射される．正負の電荷 $\pm e$ が距離 z だけ離れているときの**双極子モーメント**の大きさは ez で，その向きは $-e$ の電荷から $+e$ の電荷へ向いている．いま，電荷が単振動していて

$$z = z_0\, e^{i\omega t} + z_0{}^*\, e^{-i\omega t} \tag{4.24}$$

とすると，振動双極子モーメント $\mu(t)$ は，$ez_0=p_0$ と書けば

$$\mu(t) = p_0\, e^{i\omega t} + p_0{}^*\, e^{-i\omega t} \tag{4.25}$$

となる．

マクスウェルの方程式に従ってこの振動双極子から放射される電磁波は，双極子モーメントと角度 θ をなし距離 r の点の電場と磁場が

$$\left.\begin{aligned}
E_\theta &= -\frac{p_0}{4\pi\varepsilon_0}\cdot\frac{k^2\sin\theta}{r}\, e^{i(\omega t-kr)}+\text{c.\,c.} \\[4pt]
H_\varphi &= -\frac{\omega p_0}{4\pi}\cdot\frac{k\sin\theta}{r}\, e^{i(\omega t-kr)}+\text{c.\,c.} \\[4pt]
E_r &= E_\varphi = H_\theta = H_r = 0
\end{aligned}\right\} \tag{4.26}$$

となる．ただし $k=\omega/c$．φ は z 軸のまわりの方位角を表わし，$kr\gg1$ となるよ

うな遠方の場だけを書いた．また，c. c.(complex conjugate)は，右辺の第1項の複素共役を表わす．外向きのポインティングベクトル $E_\theta H_\varphi$ の時間平均は

$$P(\theta) = \frac{\omega^4 |p_0|^2}{8\pi^2 \varepsilon_0 c^3} \cdot \frac{\sin^2 \theta}{r^2} \tag{4.27}$$

となる．これを全立体角について積分すれば，(4.25)の振動双極子モーメントからの全放射パワー P が求められ，

$$P = \frac{\omega^4 |p_0|^2}{3\pi \varepsilon_0 c^3} \tag{4.28}$$

となる．

　ところで，量子力学的には変位 z は演算子である．したがって，$\pm e$ の電荷の変位で生じる双極子モーメント $\mu = ez$ も演算子である．原子の上下2つの固有状態の間に遷移を起こす双極子モーメントは，上と下の準位(U と L)の固有関数に作用する演算子として2行2列のマトリクス(行列)で表わされる．縮重のない単一状態では波動関数の対称性がきまっていて

$$\phi_i(\boldsymbol{r}) = \phi_i(-\boldsymbol{r}) \qquad (偶)$$

または

$$\phi_i(\boldsymbol{r}) = -\phi_i(-\boldsymbol{r}) \qquad (奇)$$

である($i=$U, L)．そこで2準位原子の双極子モーメントマトリクスの対角要素は $\mu_{UU} = \mu_{LL} = 0$ である．なぜなら (ez) は奇関数だから $\phi_i{}^*(ez)\phi_i$ は ϕ_i が偶でも奇でも奇関数になるので

$$\mu_{ii} = \int \phi_i{}^*(\boldsymbol{r})(ez)\phi_i(\boldsymbol{r}) \, \mathrm{d}\boldsymbol{r} = 0 \tag{4.29}$$

となる．しかし，上下両準位の波動関数の対称性が異なるときは，非対角要素 μ_{UL} と μ_{LU} は0でなく，これが遷移確率の振幅を与える．物理量を表わす演算子はすべてエルミート演算子であるから

$$\mu_{UL} = \mu_{LU}{}^* \tag{4.30}$$

　量子力学によれば，このような双極子モーメントで結ばれる上の準位にある原子が単位時間に光子を放出する確率は

80 第4章 光の放出と吸収

$$A = \frac{\omega^3}{3\pi\varepsilon_0\hbar c^3} |\mu_{\mathrm{UL}}|^2 \tag{4.31}$$

で与えられる．したがって，上の準位にある1個の原子から自然放出される光パワーは $P_{\mathrm{em1}}=A\hbar\omega$ に上式を代入し

$$P_{\mathrm{em1}} = \frac{\omega^4}{3\pi\varepsilon_0 c^3} |\mu_{\mathrm{UL}}|^2 \tag{4.32}$$

となる．

　これを古典電磁気学で求めた(4.28)とくらべてみると，$|p_0|=|\mu_{\mathrm{UL}}|$ とすればまったく同じである．このことは，量子力学的な自然放出の機構は，等価的な古典的双極子放射であると考えてよいことを示している．マクスウェルの方程式は相対論的に正しいだけでなく，量子論的にも単一光子のふるまいを正しく記述するものと考えられる．しかし，いわゆる第2量子化を必要とする現象，すなわち光子数 n 個の状態が関与する量子現象を説明することはできない．

　さて一般にシュレーディンガー(Schrödinger)方程式では，状態を表わす波動関数が時間的に変化すると考える．状態 n のシュレーディンガー表示波動関数 $\phi_n(\boldsymbol{r}, t)$ を時間関数と空間関数 $\phi_n(\boldsymbol{r})$ とに分けると

$$\phi_n(\boldsymbol{r}, t) = \mathrm{e}^{-i(W_n/\hbar)t} \phi_n(\boldsymbol{r}) \tag{4.33}$$

と書ける．ただし W_n は状態 n の固有エネルギーを表わす．シュレーディンガー表示に対してハイゼンベルグ(Heisenberg)表示では，状態は時間的に変化しないで物理量が時間的に変化すると考えるが，ここではシュレーディンガー表示で考える．

　上下2つの準位 U と L の間の遷移双極子モーメントの z 成分の非対角マトリクス要素は，電子の電荷を e とすれば

$$\left.\begin{array}{l} \displaystyle\int \phi_{\mathrm{U}}{}^* ez\phi_{\mathrm{L}} \, d\boldsymbol{r} = \int \phi_{\mathrm{U}}{}^* ez\phi_{\mathrm{L}} \, d\boldsymbol{r} \, \mathrm{e}^{i\omega_0 t} = \mu_{\mathrm{UL}} \, \mathrm{e}^{i\omega_0 t} \\[2mm] \displaystyle\int \phi_{\mathrm{L}}{}^* ez\phi_{\mathrm{U}} \, d\boldsymbol{r} = \int \phi_{\mathrm{L}}{}^* ez\phi_{\mathrm{U}} \, d\boldsymbol{r} \, \mathrm{e}^{-i\omega_0 t} = \mu_{\mathrm{LU}} \, \mathrm{e}^{-i\omega_0 t} \end{array}\right\} \tag{4.34}$$

と表わされ，それぞれ古典的双極子の式(4.25)の右辺の第1項と第2項に対応している．ただし $\omega_0=(W_{\mathrm{U}}-W_{\mathrm{L}})/\hbar$．したがって $p_0=\mu_{\mathrm{UL}}$ とおくことによっ

て，古典的双極子放射の計算から自然放出の確率を求めることができる.

自然放出の確率 (4.31) が得られたので，誘導放出および吸収の確率を与えるアインシュタインの B 係数は，電磁波のモード数の計算から求められた (4.22) を用いると，角周波数 ω の入射光に対して

$$B = \frac{\pi}{3\varepsilon_0 \hbar^2} |\mu_{\mathrm{UL}}|^2 \tag{4.35}$$

が得られる. ただしこれは入射光の偏光に対して，原子の双極子モーメントがランダムな向きをもつ場合であって，その x, y, z 成分について UL を略して μ_x, μ_y, μ_z と書くと

$$\langle |\mu_x|^2 \rangle = \langle |\mu_y|^2 \rangle = \langle |\mu_z|^2 \rangle = \frac{1}{3} |\mu_{\mathrm{UL}}|^2$$

となる. $\langle \ \rangle$ は統計平均を表わす. もしも入射光が原子の双極子モーメントと同じ方向に偏光しているとした場合には，原子 1 個あたりの誘導放出および吸収係数は

$$B = \frac{\pi}{\varepsilon_0 \hbar^2} |\mu_{\mathrm{UL}}|^2 \tag{4.36}$$

で与えられる. これは角周波数で表わしたときの B 係数であって，周波数表示では次に示すように異なる.

自然放出を表わすアインシュタインの A 係数は，光の周波数を ν とすれば，(4.31) に $\omega = 2\pi\nu$ を代入したもので与えられ

$$A = \frac{16\pi^3 \nu^3}{3\varepsilon_0 h c^3} |\mu_{\mathrm{UL}}|^2 \tag{4.37}$$

である. しかし B 係数は (4.35) または (4.36) にそのまま $\omega = 2\pi\nu$ を代入した式とは異なる. それは周波数が ν と $\nu + d\nu$ の間のモード数 $m(\nu)\, d\nu$ は，角周波数で表わしたときの $m(\omega)\, d\omega$ と §4.1 で述べたように相違するからである. ω でなくて ν で表わすと，(4.22) は

$$B_\nu = \frac{A}{m(\nu) h \nu}$$

となるので，これに (4.37) と (4.6) を代入すれば

82　第4章　光の放出と吸収

$$B_\nu = \frac{2\pi^2}{3\varepsilon_0 h^2} |\mu_{\mathrm{UL}}|^2 \tag{4.38}$$

が得られる．添字の ν は，角周波数でなく周波数に対して入射光のエネルギー密度を表わしていることを示すものである．

　（4.35）も（4.38）も入射光の偏光に対してランダムな向きをもつ原子に対する平均値である．すべての原子の双極子モーメントが入射光の偏光方向にそろっているならば，分母の 3 はない．一般的には，入射光の偏光方向を z とするとき，（4.35）または（4.38）で $\frac{1}{3}|\mu_{\mathrm{UL}}|^2$ の代わりに $\langle|\mu_z|^2\rangle$ と書いておくのがよい．すべての原子が z 方向に整列していれば $\langle|\mu_z|^2\rangle = |\mu_{\mathrm{UL}}|^2$ であり，完全にランダムならばその 1/3 になり，その何れでもない中間の場合にも使える表式になる．しかし，ここでは，もっとも代表的なランダムな場合の表式を示した．

§4.5　光の吸収

　ある温度 T で熱平衡状態にある物質に，その温度 T の黒体放射よりも強い光が入射すると，入射光は吸収されて弱くなる．一般に吸収体は黒体ではないし，入射光のスペクトル分布も黒体放射とは異なるので，各周波数成分ごとに考える．角周波数 ω をもつ入射光のエネルギー密度 $W(\omega)$ が吸収体の熱放射エネルギー密度 $W_{\mathrm{th}}(\omega)$ よりも大きければ，吸収体が吸収する光パワー（4.17）が放出パワー（4.18）よりも大きいので，差し引き吸収になる．そこで試料の向う側に明るい光源をおけば，試料の吸収スペクトルが観測される．もし，試料の向う側が暗ければ（すなわち，バックグラウンドが試料より低温ならば），試料の放出スペクトルが観測される．試料が完全な吸収体で透過率が 0 ならば，光源の明暗とは無関係に，試料の熱放射が観測されるだけである．

　いま，試料の熱放射は無視できるものとして，強い入射光の吸収だけを調べよう．また，入射光は熱放射のような連続スペクトルをもつ光ではなく，レーザー光のようにほとんど完全な単色光であるとする．すなわち，吸収体の吸収スペクトル線の幅がいくらせまいとしても，光源のスペクトル幅はそれよりずっとせまいとする．光源の角周波数を ω で表わし，中心角周波数 ω_0 のまわり

で誘導遷移係数の周波数分布を

$$B(\omega) = Bg(\omega) \tag{4.39}$$

で表わすことにする*. アインシュタインの B 係数は，スペクトル線の幅にくらべて光源のスペクトル分布が広い場合の値であるから

$$\int_0^\infty B(\omega)\,\mathrm{d}\omega = B$$

であって，$g(\omega)$ は規格化されたスペクトル線の形を表わす.

$B(\omega)$ を用いると，上下の準位にそれぞれ N_U, N_L 個の原子をもつ単位体積で吸収される光パワーは

$$\varDelta P = (N_\mathrm{L} - N_\mathrm{U})\hbar\omega B(\omega)\frac{P}{c} \tag{4.40}$$

と表わされる. ただし P は単位面積に入射する光のパワーである. そこで，光の進行方向に z 軸をとれば，

$$\frac{\mathrm{d}}{\mathrm{d}z}P(z) = -(N_\mathrm{L} - N_\mathrm{U})\frac{\hbar\omega}{c}B(\omega)P(z)$$

となる. **振幅吸収定数**(amplitude absorption constant)を $\alpha(\omega)$ とすれば

$$\frac{\mathrm{d}}{\mathrm{d}z}P(z) = -2\alpha(\omega)P(z)$$

であるから，上の2式を比較してみると，振幅吸収定数は

$$\alpha(\omega) = (N_\mathrm{L} - N_\mathrm{U})\frac{\hbar\omega}{2c}B(\omega) \tag{4.41}$$

となる. これに (4.39) と (4.35) を代入すれば

$$\alpha(\omega) = (N_\mathrm{L} - N_\mathrm{U})\frac{\pi\omega}{6\varepsilon_0\hbar c}|\mu_\mathrm{UL}|^2 g(\omega) \tag{4.42}$$

が得られる.

スペクトル線の形にはいろいろのものがあるが，基本的なのは**ローレンツ形**(Lorentzian)と**ガウス形**(Gaussian)である. ローレンツ形の関数 $g_\mathrm{L}(\omega)$ は

$$g_\mathrm{L}(\omega) = \frac{1}{\pi}\cdot\frac{\varDelta\omega}{(\omega-\omega_0)^2+(\varDelta\omega)^2} \tag{4.43}$$

---

* 他の量の記法と違って，$B(\omega)$ と B とは次元が異なることに注意.

で定義される．$\omega-\omega_0=\pm\Delta\omega$ のとき，$g_L(\omega)$ は，最大値 $g_L(\omega_0)=1/\pi\Delta\omega$ の半分になるので，$\Delta\omega$ を**半値半幅**(half width at half maximum，略して HWHM)という．

ガウス形の関数はその半値半幅を $\Delta\omega$ とすれば

$$g_G(\omega) = \sqrt{\frac{\ln 2}{\pi}} \cdot \frac{1}{\Delta\omega} \exp\left\{-\ln 2 \cdot \left(\frac{\omega-\omega_0}{\Delta\omega}\right)^2\right\} \tag{4.44}$$

で与えられる．スペクトル線の中心 $\omega=\omega_0$ における最大値は

$$g_G(\omega_0) = \sqrt{\frac{\ln 2}{\pi}} \cdot \frac{1}{\Delta\omega} = \frac{0.470}{\Delta\omega}$$

であるから，これはローレンツ形の $g_L(\omega_0)$ の $\sqrt{\pi\ln 2}=1.476$ 倍である．同じ半値半幅 $\Delta\omega$ をもつ $g_L(\omega)$ と $g_G(\omega)$ を図 4.5 に示す．この図を見るとわかるように，ローレンツ形の方がガウス形よりも裾を長く引いているので，規格化の結果最大値が小さくなるのである．

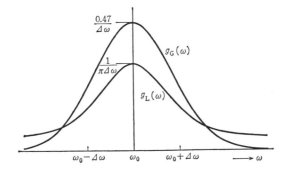

図 4.5 ローレンツ形関数 $g_L(\omega)$ とガウス形関数 $g_G(\omega)$

原子による光の吸収や誘導放出を表わすのに，原子がある断面積 σ をもち，この断面積の中に入射した光が吸収され，あるいは誘導放出を起こすと考え，下の準位にある原子の σ を**吸収断面積**，上の準位の原子のものを**誘導放出断面積**という．(4.16)から明らかなように，誘導放出断面積と吸収断面積とは等しいから，角周波数 ω の単色光に対する断面積を共に $\sigma(\omega)$ で表わすことにする．そうすると単位体積の中に上の準位の原子数が N_U 個，下の準位の原子数が N_L 個ある媒質のパワー吸収定数は

$$2\alpha(\omega) = (N_\mathrm{L}-N_\mathrm{U})\sigma(\omega) \tag{4.45}$$

である．したがって，この遷移に対する原子の吸収断面積は，(4.45)を(4.42)と比較することによって

$$\sigma(\omega) = \frac{\pi\omega}{3\varepsilon_0\hbar c}|\mu_\mathrm{UL}|^2 g(\omega)$$

または

$$\sigma(\omega) = \frac{\hbar\omega}{c}B(\omega) \tag{4.46}$$

と表わされることがわかる．

なお，媒質が温度 T で熱平衡状態にあるときには，N_U と N_L との間に(4.19)の関係があるので，

$$N_\mathrm{L}-N_\mathrm{U} = (1-\mathrm{e}^{-\hbar\omega/k_\mathrm{B}T})N_\mathrm{L}$$

である．低周波または高温で $\hbar\omega \ll k_\mathrm{B}T$ のときは

$$N_\mathrm{L}-N_\mathrm{U} \simeq \frac{\hbar\omega}{k_\mathrm{B}T}N_\mathrm{L}$$

と近似し，高周波(光)または低温で $\hbar\omega \gg k_\mathrm{B}T$ のときは

$$N_\mathrm{L}-N_\mathrm{U} \simeq N_\mathrm{L}$$

と近似することができる．

§4.6 複素感受率と屈折率

光の吸収や放出には，必ず分散が伴う．これを調べるために，光の振幅の大きさやエネルギーだけでなく，光の位相の変化も考える．§4.4 で，原子の2準位の間の遷移が古典的振動双極子と等価になることを述べたので，ここでは，多数の原子から成る媒質を古典的振動子の集まりとみなして，その光学的特性を求める．

固有角周波数 ω_0，減衰定数 γ をもつ振動子の振幅 x を時間の関数として表わす微分方程式は，それにはたらく外力を F とすれば

$$\frac{\mathrm{d}^2 x}{\mathrm{d}t^2}+2\gamma\frac{\mathrm{d}x}{\mathrm{d}t}+\omega_0{}^2 x = \frac{F}{m} \tag{4.47}$$

86　第4章　光の放出と吸収

となる.m は振動子の質量であり,電荷を $-e$ とすれば,入射光の電場が $E(\omega)e^{i\omega t}$ のとき,上式は

$$\frac{d^2x}{dt^2}+2\gamma\frac{dx}{dt}+\omega_0{}^2x=-\frac{e}{m}E(\omega)e^{i\omega t}$$

となる.定常状態の解 x は

$$x=x(\omega)e^{i\omega t}$$

の形になるから,これを上式に代入してみれば

$$x(\omega)=\frac{e}{m}\cdot\frac{E(\omega)}{\omega^2-2i\gamma\omega-\omega_0{}^2} \qquad (4.48)$$

となることがすぐわかる.減衰が小さくて $\gamma\ll\omega$ のときには

$$x(\omega)=\frac{e}{2m\omega_0}\cdot\frac{E(\omega)}{\omega-\omega_0-i\gamma} \qquad (4.49)$$

と近似することができる.

媒質の単位体積の中に上の準位の原子が N_U 個,下の準位の原子が N_L 個あるとき,この媒質の複素分極を $P(\omega)e^{i\omega t}$ とすれば

$$P(\omega)=-ex(\omega)(N_L-N_U) \qquad (4.50)$$

である.媒質の複素感受率(complex susceptibility) $\chi(\omega)=\chi'(\omega)-i\chi''(\omega)$ は

$$P(\omega)=\varepsilon_0\chi(\omega)E(\omega)$$

によって定義されるから,(4.49)と(4.50)を用いると,

$$\chi(\omega)=-\frac{(N_L-N_U)e^2}{2\varepsilon_0m\omega_0}\cdot\frac{1}{\omega-\omega_0-i\gamma} \qquad (4.51)$$

が得られる.これを実部 $\chi'(\omega)$ と虚部の $-\chi''(\omega)$ とに分け $\chi(\omega)=\chi'(\omega)-i\chi''(\omega)$ とすると

$$\chi'(\omega)=-\frac{(N_L-N_U)e^2}{2\varepsilon_0m\omega_0}\cdot\frac{\omega-\omega_0}{(\omega-\omega_0)^2+\gamma^2} \qquad (4.52)$$

$$\chi''(\omega)=\frac{(N_L-N_U)e^2}{2\varepsilon_0m\omega_0}\cdot\frac{\gamma}{(\omega-\omega_0)^2+\gamma^2} \qquad (4.53)$$

となる.これらを ω に対して図示すると,図4.6のようになる.

一般に複素感受率が $\chi(\omega)$ であるとき,複素誘電率は

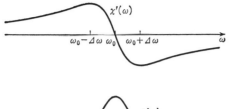

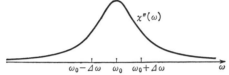

図 4.6 複素感受率 $\chi(\omega)$ の実部 $\chi'(\omega)$ と虚部 $-\chi''(\omega)$

$$\varepsilon(\omega) = \varepsilon_0 \{1+\chi(\omega)\}$$

である．媒質の透磁率は $\mu=\mu_0$ とすると，**複素屈折率 η の実部を η'** と書き，

$$\eta = \eta' - i\kappa = \sqrt{\frac{\varepsilon(\omega)}{\varepsilon_0}} = \sqrt{1+\chi(\omega)} \tag{4.54}$$

となる．複素屈折率の負の虚部 κ は消衰定数とよばれ，吸収定数に比例する．なぜなら，z 方向に進む平面波の振幅は $\exp(i\omega t - ikz)$ で表わされるが，屈折率が複素数 $\eta' - i\kappa$ で表わされる一様な媒質中では

$$k = (\eta' - i\kappa)\frac{\omega}{c} \tag{4.55}$$

である．そこで

$$\exp(i\omega t - ikz) = \exp\left(-\frac{\kappa\omega}{c}z\right) \cdot \exp\left(i\omega t - i\eta'\frac{\omega}{c}z\right)$$

となり，振幅が $e^{-\alpha z}$ の形で減衰し，吸収定数は

$$\alpha = \frac{\omega}{c}\kappa \tag{4.56}$$

である．$|\chi(\omega)| \ll 1$ のときは $\kappa \simeq \frac{1}{2}\chi''$ で近似できるから，(4.53) を代入すると，吸収定数は

$$\alpha \simeq \frac{(N_L - N_U)e^2}{4\varepsilon_0 mc} \cdot \frac{\gamma}{(\omega - \omega_0)^2 + \gamma^2} \tag{4.57}$$

となる．これは吸収スペクトルの形がローレンツ形になることを示している．この式の中の e^2/m が量子論的には $2\omega|\mu_{UL}|^2/3\hbar$ に対応すると考えれば，(4.42)

88 第4章 光の放出と吸収

の $g(\omega)$ がローレンツ形(4.43)であるとした量子論的な結果と一致する. そこで複素感受率の実部と虚部は

$$\chi'(\omega) = -(N_\mathrm{L}-N_\mathrm{U})\frac{|\mu_\mathrm{UL}|^2}{3\varepsilon_0\hbar}\cdot\frac{\omega-\omega_0}{(\omega-\omega_0)^2+\gamma^2} \tag{4.58}$$

$$\chi''(\omega) = (N_\mathrm{L}-N_\mathrm{U})\frac{|\mu_\mathrm{UL}|^2}{3\varepsilon_0\hbar}\cdot\frac{\gamma}{(\omega-\omega_0)^2+\gamma^2} \tag{4.59}$$

と表わすことができる.

そこで古典的振動子の f 倍の大きさの等価的振動子が複素感受率(4.58)と(4.59)を与えると考えるならば

$$fe^2/m = 2\omega|\mu_\mathrm{UL}|^2/3\hbar$$

である. したがって

$$f = \frac{2m\omega}{3e^2\hbar}|\mu_\mathrm{UL}|^2 \tag{4.60}$$

となる. この f を振動子強度(oscillator strength)という.

通常の媒質では原子は熱平衡状態またはそれに近い状態にあるので, $N_\mathrm{L} > N_\mathrm{U}$ である. このときは(4.59)で $\chi'' > 0$ になり, 吸収定数 α は正で媒質は光を吸収する. しかし, もしも $N_\mathrm{L} < N_\mathrm{U}$ にすることができれば, $\chi'' < 0$ になり, $\alpha < 0$ で負の吸収だから媒質は光を増幅する. $N_\mathrm{L} < N_\mathrm{U}$ は熱平衡分布と反対の分布であるから反転分布とよび, 次章でさらに詳しく述べる.

この章では, 媒質を等価的に古典的振動子の集まりとみなして複素感受率を求め, 双極子放射から導いた吸収定数を使って振動子強度の等価的表現をきめた. 複素感受率の量子力学的導出は, 飽和効果も含めて第8章にゆずる.

レーザーの原理

第5章

ランプ，電灯，放電管などの光源と違って，レーザーはラジオ送信機のような発振器である．この章では，レーザー動作の原理を初等的理論，すなわち回路論やレート方程式を用いて説明しよう．レーザーの半古典的理論と量子力学的理論については第9章で述べる．

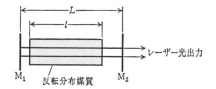

図 5.1 ファブリー・ペロー共振型レーザー

レーザーの基本的構成は，図 5.1 に示すように 2 枚の反射鏡 M_1, M_2 の間に反転分布をもつ増幅媒質を入れたものである．2 枚の反射鏡はファブリー・ペロー共振器を構成して，共振周波数の光を閉じ込める．反射鏡としては平面鏡のほか，凹面鏡や回折格子，あるいはブラッグ(Bragg)反射器の用いられることもあり，2 枚以上の反射鏡をもつ光共振器が用いられることもある．レーザーでもっとも重要なはたらきをする増幅媒質には，第 1 章で述べたように各種のものがあり，反転分布による誘導放出によって光を増幅する．しかし，ラマンレーザーのように反転分布を用いないレーザーもある．

§5.1 反転分布

§4.3 で述べたように，誘導放出と吸収とは，媒質の原子が上下の準位に分布する限り同時に起こる．また，各準位の間の誘導遷移の確率は上から下への遷

90 第5章 レーザーの原理

移と下から上への遷移とで等しい. 普通の状態の媒質では, 下の準位にある原子数の方が上の準位にある原子数よりも多いので, 差し引きでは吸収になる. 適当な方法で媒質を励起して, 上の準位の原子数 N_U を下の準位の原子数 N_L よりも大きくすれば, 媒質に入射した光は誘導放出によって増幅される. これがレーザー増幅である.

熱平衡状態で $N_L > N_U$ となる分布とは逆に, $N_U > N_L$ の分布にすることを**分布反転**といい, $N_U > N_L$ となった状態を**反転分布状態**というが, どちらも**反転分布**(population inversion または inverted population)といい表わすことが多い. 反転分布 $N_U > N_L$ に対して形式的に(4.19)を適用してみると, $N_U/N_L = \exp(-\hbar\omega/k_B T) > 1$ だから $\hbar\omega/k_B T < 0$ となる. $\hbar\omega/k_B$ は正の量だから, 反転分布は $T < 0$ という負の温度に相当する. そこで, 反転分布は**負温度**(negative temperature), または負温度の状態であるという. もちろんこれは熱力学的温度ではなく, (4.19)で反転分布を表わすときのパラメーターに過ぎない.

反転分布を作るためには, 媒質に適当な方法でエネルギーを加えて原子を励起し, 下の準位の原子数 N_L を減らし, 上の準位の原子数 N_U を増やさなければならない. これは, 下の準位から上の準位へ原子を汲み上げることだと考えられるので, **ポンピング**(pumping)とよばれている. ポンピングの方法には, 光を照射して原子を励起する光励起または光ポンピング, 気体では放電による励起, 半導体では pn 接合の順電流でキャリヤーを注入するポンピングがよく用いられるが, 電子線その他の放射線照射による励起, 化学反応による励起, 衝撃波励起などもある.

しかし以前は, 反転分布を作ることなどは原理的に不可能であると考える人が多かった. 反転分布を積極的に実現しようという研究は1940年頃ファブリカント(Fabricant)によって始められた*といわれているが, 彼の研究は結局成功しなかった. 戦後になってマイクロ波分光学が進歩し, 1954年タウンズ(Townes)らはアンモニア分子線で反転分布を実現して波長 1.25 cm のメーザーを作るのに成功した**. これは熱平衡分布しているアンモニア分子の2準位

---

* V. A. Fabricant: *Tr. Vses. Elektrotekh. Inst.*, **41**(1940), 254.

から，下の準位の分子を不均一電場の作用で除去し，上の準位の分子を集める方法を用いている．このように下の準位の原子数を減らして反転分布を作る方法は，光の遷移に対しては使えない．

なぜなら，マイクロ波周波数 ν に対しては $h\nu \ll k_B T$ であるから，(4.19)が示すように $N_U \approx N_L$ となっているが，光の周波数 ν に対しては $h\nu \gg k_B T$ であって N_U が非常に小さいからである．そこで光の誘導放出を実現するためには，下の準位の原子を除去するのではなく，上の準位の原子を増やすポンピングが必要である．光照射あるいは電子衝撃で2準位原子を励起すると，上の準位の原子が増えていくが，それにつれて上の準位にせっかく励起された原子が入射光や電子の影響で下の準位に遷移する確率が増すので，いくら強く励起しても反転分布は得られない．そこでレーザーでは，原子の3つの準位，または4つの準位を利用してポンピングを行ない，反転分布を作る．用いるエネルギー準位は必ずしも離散的な鋭いエネルギー準位だけではなく，バンド準位の場合もある．そこで，普通の色素レーザーや半導体レーザーも本質的にはやはり以下に述べる4準位レーザーと考えられる．

§5.2 3準位レーザーの反転分布

3準位レーザー (three-level laser) には §1.2 で述べたルビーレーザーのほか，光励起気体レーザーなどがある．レーザー作用をする原子の3つの準位 1, 2, 3 のエネルギーをそれぞれ W_1, W_2, W_3，原子数を N_1, N_2, N_3 とする．図5.2 に示すように $W_3 > W_2 > W_1$ とすると熱平衡状態では $N_1 > N_2 > N_3$ であるが，最下の準位1が必ずしも原子の基底状態とは限らない．適当なエネルギーの光，電子，または他の原子などが衝突すれば，準位1の原子は準位3に励起される．ここでは励起過程には立ち入らないで，何らかのポンピングによって原子が準位1から準位3へ単位時間に励起される確率を Γ で表わしておく．

励起原子は一般に，励起を止めると次第に熱平衡状態に戻る．これを**緩和**

[**] J. P. Gordon, H. J. Zeiger and C. H. Townes : *Phys. Rev.*, **95**(1954), 282 ; *Phys. Rev.*, **99**(1955), 1264

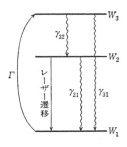

図5.2 3準位レーザーのエネルギー準位図

(relaxation)というが，個々の原子について見れば，励起を止めない時でも緩和過程は起こっている．緩和過程には，励起状態の原子が光を放出してエネルギーの低い状態に移る**放射過程**(radiative process)だけでなく，光を放出しないで，気体では分子間の衝突，固体では原子と結晶との相互作用によって分子の運動や結晶の振動にエネルギーを与えてエネルギーの低い状態に遷移する**非放射過程**(non-radiative process)もある．緩和はこのような統計的過程によって起こるので，励起原子が単位時間に緩和する割合の統計平均を考え，それを**緩和速度**(relaxation rate)または**緩和定数**(relaxation constant)という．緩和速度の逆数は励起原子の平均寿命を表わし，それは励起原子が発する蛍光の減衰時間に等しいので**蛍光寿命**(fluorescence lifetime)とよばれることもある．

さて，レーザー媒質の温度を T とすれば，エネルギーの低い W_L の準位からエネルギーの高い W_U の準位に熱的に励起される確率[*] γ_LU と，その逆に W_U から W_L に熱的に緩和される確率 γ_UL との間には次のような関係がある．熱平衡状態では

$$N_\mathrm{U}\gamma_\mathrm{UL} = N_\mathrm{L}\gamma_\mathrm{LU}, \quad N_\mathrm{U} = N_\mathrm{L}\exp\left(-\frac{W_\mathrm{U}-W_\mathrm{L}}{k_\mathrm{B}T}\right)$$

であるから

$$\frac{\gamma_\mathrm{LU}}{\gamma_\mathrm{UL}} = \exp\left(-\frac{W_\mathrm{U}-W_\mathrm{L}}{k_\mathrm{B}T}\right) \tag{5.1}$$

である．この関係は N_U と N_L が熱平衡分布でなくても一般に成り立つ．

---

[*] 単位時間の確率，すなわち毎秒のレートを略称する．

§5.2 3準位レーザーの反転分布　　93

　これらの確率が，問題を取り扱う条件の下では一定であるとすれば，3準位原子をポンピングしたときの各準位の原子数の時間変化を表わす**レート方程式**(rate equation)は

$$\frac{\mathrm{d}N_1}{\mathrm{d}t} = -(\varGamma+\gamma_{12}+\gamma_{13})N_1+\gamma_{21}N_2+\gamma_{31}N_3 \tag{5.2}$$

$$\frac{\mathrm{d}N_2}{\mathrm{d}t} = \gamma_{12}N_1-(\gamma_{21}+\gamma_{23})N_2+\gamma_{32}N_3 \tag{5.3}$$

$$\frac{\mathrm{d}N_3}{\mathrm{d}t} = (\varGamma+\gamma_{13})N_1+\gamma_{23}N_2-(\gamma_{31}+\gamma_{32})N_3 \tag{5.4}$$

となる．ここで $N_1+N_2+N_3=\mathrm{const}=N$ であって，N は3準位原子の総数を表わす．

　定常状態を考えると，(5.2)〜(5.4)の左辺を0とおいて，定常的にポンピングされているときの原子数分布を求めることができる．その計算は容易であるが，結果の表式が長くなるので，各準位の間隔が熱エネルギー k_BT よりも充分大きいと仮定する．そうすると，(5.1)により $\gamma_{12}\ll\gamma_{21}$, $\gamma_{13}\ll\gamma_{31}$, $\gamma_{23}\ll\gamma_{32}$ であるから，γ_{12}, γ_{13} および γ_{23} を(5.2)〜(5.4)で無視し，定常解として

$$N_1 = \frac{\gamma_{21}(\gamma_{31}+\gamma_{32})}{\gamma_{21}(\gamma_{31}+\gamma_{32})+(\gamma_{21}+\gamma_{32})\varGamma}N \tag{5.5}$$

$$N_2 = \frac{\gamma_{32}\varGamma}{\gamma_{21}(\gamma_{31}+\gamma_{32})+(\gamma_{21}+\gamma_{32})\varGamma}N \tag{5.6}$$

が得られる．

　そこで励起の強さが

$$\varGamma > \gamma_{21}\left(1+\frac{\gamma_{31}}{\gamma_{32}}\right) \tag{5.7}$$

になれば $N_2>N_1$ となり，反転分布を生じることがわかる．なるべく弱い励起で反転分布を作るためには，上の条件でわかるように，γ_{21} が小さいほどよいし，また γ_{32} は γ_{31} にくらべて大きい方がよい．すなわち，レーザー遷移の上準位（上の準位）から下準位（下の準位）への緩和が遅いこと，最初に励起される準位3からレーザーの上準位2への緩和が速いことが望ましい．

　励起の強さを増すにつれて，反転分布 $\varDelta N=N_2-N_1$ がどのように増してい

くかを調べると，(5.5)と(5.6)から

$$\Delta N = \frac{\gamma_{32}\Gamma - \gamma_{21}(\gamma_{31}+\gamma_{32})}{\gamma_{21}(\gamma_{31}+\gamma_{32})+(\gamma_{21}+\gamma_{32})\Gamma} N \tag{5.8}$$

であるから，図5.3のようになる．励起が充分に強いときの反転分布は

$$\lim_{\Gamma \to \infty} \Delta N = \frac{\gamma_{32} N}{\gamma_{21}+\gamma_{32}} = \frac{N}{1+\dfrac{\gamma_{21}}{\gamma_{32}}} \tag{5.9}$$

と表わされる．したがってやはり，γ_{21} が小さく γ_{32} が大きいほど大きな反転分布が得られ，それだけ強いレーザー作用が起こる．反転分布によるレーザー発振の条件や発振出力については，§5.5以下で述べる．

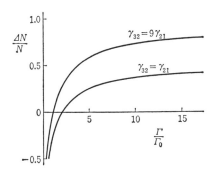

図5.3 3準位レーザーの励起の強さに対する反転分布の変化 $[\Gamma_0 = \gamma_{21}(\gamma_{31}+\gamma_{32})/(\gamma_{21}+\gamma_{32})]$

§5.3 4準位レーザーの反転分布

3準位レーザーでは，レーザー遷移の下準位がもっともエネルギーが低いので，熱平衡状態では大部分の原子がこの準位にある$(N_1 \approx N)$．そこで反転分布を生じるためには，強い励起を用いて下準位1の原子数を半分以下にしなければならない．これをもっと容易にするのが**4準位レーザー**(four-level laser)である．

いま図5.4に示すような4準位をもつ原子を考え，準位0から準位3へ励起し，準位2と準位1との間に反転分布を作るとしよう．このとき，レーザー遷移の下準位1が基底準位0から k_BT にくらべて高いエネルギーにあれば，熱的に準位1に励起される原子が少ないので，上準位2に比較的少数の原子をポ

§5.3 4準位レーザーの反転分布　　95

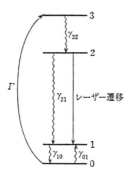

図5.4　4準位レーザー
のエネルギー準位図

ンピングしただけで反転分布ができる．次にその条件を調べてみよう．

　3準位レーザーの場合と同様に，準位1, 2, 3の間隔は $k_B T$ よりもずっと大きいと仮定するが，準位1は基底準位0に比較的近いので，多数の原子が存在する基底準位からの熱的励起 $\gamma_{01}N_0$ は無視しないことにする．そうすると各準位の原子数のレート方程式は

$$\left.\begin{aligned}
\frac{dN_1}{dt} &= \gamma_{01}N_0 - \gamma_{10}N_1 + \gamma_{21}N_2 + \gamma_{31}N_3 \\
\frac{dN_2}{dt} &= -\gamma_2 N_2 + \gamma_{32}N_3 \\
\frac{dN_3}{dt} &= \Gamma N_0 - \gamma_3 N_3 \\
-\frac{dN_0}{dt} &= \frac{dN_1}{dt} + \frac{dN_2}{dt} + \frac{dN_3}{dt}
\end{aligned}\right\} \quad (5.10)$$

となる．各係数の意味は3準位レーザーの場合と同じであるが，$\gamma_2 = \gamma_{20} + \gamma_{21}$，$\gamma_3 = \gamma_{30} + \gamma_{31} + \gamma_{32}$ とおいた．

　前と同様にして定常状態の解を求めると

$$N_1 = \left(\frac{\gamma_{01}}{\gamma_{10}} + \frac{\gamma_{21}\gamma_{32} + \gamma_2 \gamma_{31}}{\gamma_{10}\gamma_2 \gamma_3}\Gamma\right)N_0 \quad (5.11)$$

$$N_2 = \frac{\gamma_{32}\Gamma}{\gamma_2 \gamma_3}N_0 \quad (5.12)$$

$$N_3 = \frac{\Gamma}{\gamma_3}N_0 \quad (5.13)$$

96　第5章　レーザーの原理

となる. $N_0+N_1+N_2+N_3=N$ であるから, N_0 は

$$N_0 = \frac{\gamma_{10}\gamma_2\gamma_3 N}{(\gamma_{10}+\gamma_{01})\gamma_2\gamma_3+\gamma_{32}(\gamma_{21}+\gamma_{10})\Gamma+\gamma_2(\gamma_{31}+\gamma_{10})\Gamma} \qquad (5.14)$$

で与えられる. そこで, 反転分布を生じる条件は, (5.11)と(5.12)から

$$\Gamma > \frac{\gamma_{01}\gamma_2\gamma_3}{\gamma_{32}\gamma_{10}-\gamma_{21}\gamma_{32}-\gamma_2\gamma_{31}} \qquad (5.15)$$

と表わされる.

　上式の分子にある γ_{01} は準位0から準位1への熱的励起確率であって, $\gamma_{01}=\gamma_{10}\exp(-W_1/k_BT)$ からわかるように小さいので, 反転分布を作るのに必要な励起 Γ が小さい値になる. なお, $\gamma_{31}<\gamma_3=\gamma_{31}+\gamma_{30}+\gamma_{32}$, $\gamma_{21}<\gamma_2=\gamma_{21}+\gamma_{20}$ であるから, $\gamma_{10}\gg\gamma_2$ ならば, (5.15)は近似的に

$$\Gamma > \frac{\gamma_{01}\gamma_2\gamma_3}{\gamma_{10}\gamma_{32}} = e^{-W_1/k_BT}\gamma_2\left(1+\frac{\gamma_{31}+\gamma_{30}}{\gamma_{32}}\right) \qquad (5.16)$$

と表わされる. これを3準位レーザーの反転分布の条件(5.7)とくらべてみると, $\exp(-W_1/k_BT)$ の因子のほかはよく似ている. 4準位レーザーでは, (5.7)の γ_{21} の代わりに $\gamma_{21}+\gamma_{20}$, γ_{31} の代わりに $\gamma_{31}+\gamma_{30}$ となっているのは, 準位0が余分にあるので当然である. 重要なのは $\exp(-W_1/k_BT)$ であって, 初めに予想したように, 準位1が基底準位0から少なくとも k_BT と同程度以上高いエネルギーにあれば, 著しく弱いポンピングで反転分布を作り得ることが(5.16)からわかる.

§5.4　レーザー増幅

　媒質に反転分布を作ったとき, どのようにしてレーザー増幅やレーザー発振が起こるかを考えよう. 反転分布媒質では $N_U>N_L$ であるから, (4.59)の χ'' の右辺の最初の因子 (N_L-N_U) が負になるので χ'' が負, したがって吸収定数が負になる. $\alpha<0$ とすると, $e^{-\alpha z}$ は z とともに減少しないで増大していくので, $\alpha<0$ は吸収ではなくて増幅を表わしている. パワーは振幅の2乗に比例するから, -2α を G と書けば, $e^{-2\alpha z}=e^{Gz}$ は長さ z の媒質によるパワー増幅度すなわち利得(gain)である. そこで G を利得定数(gain constant), $G/2$ を増

§5.4 レーザー増幅　97

幅定数*(amplification constant)という.

　反転分布が $\Delta N = N_2 - N_1$ となっている上準位2と下準位1とをもつレーザー媒質の利得定数は,(4.41)からただちに

$$G = \Delta N \frac{\hbar\omega}{c} B(\omega) \tag{5.17}$$

または

$$G = \Delta N \sigma(\omega)$$

と書くことができる.

　実際のレーザーやメーザーに用いられる遷移では,上下の準位がそれぞれ何重かに縮重していることが少なくない.原子に電場や磁場をかけると,準位の縮重の一部または全部が解けて,いくつかの副準位に分かれる.上下の準位の縮重度をそれぞれ g_2, g_1 とすれば,熱力学的平衡や入射光による誘導遷移確率は縮重を解いて個々の副準位について考えなければならない.そこで,g_2 重に縮重した上準位全体の原子数を N_2,g_1 重の下準位全体の原子数を N_1 で表わすと,熱平衡条件は個々の副準位について書くので

$$\frac{N_2}{g_2} = \frac{N_1}{g_1} \exp\left(-\frac{\hbar\omega}{k_{\mathrm{B}}T}\right) \tag{5.18}$$

である.

　もし $g_2 > g_1$ ならば,熱平衡でも $N_2 > N_1$ になり得るので,縮重があるときは $N_2 - N_1$ を反転分布とするのは不適当である.もちろん,縮重があっても多重の準位の中で上下各1準位ずつの原子数を N_1, N_2 とすれば $\Delta N = N_2 - N_1$ で差し支えない.しかしふつうは縮重しているときは g 重の準位を合わせた原子数を使うことが多いので

$$\Delta N = \frac{N_2}{g_2} - \frac{N_1}{g_1} \tag{5.19}$$

とする.また,誘導放出と吸収では,上下それぞれの副準位の間の遷移がそれぞれ g_2 重,g_1 重に観測されるので,アインシュタインの B 係数は §4.3 で述

　＊　まぎらわしいときには振幅増幅定数というが,もともと増幅の幅は振幅を意味している.

べたように

$$B = g_2 B_{21} = g_1 B_{12} \tag{5.20}$$

と表わされる．

ここでは，レーザー遷移の上準位2と下準位1について縮重しているときの熱平衡分布(5.18)や B 係数(5.20)を書いたが，これらは一般にすべての準位についてあてはまる式である．

さて，(5.19)で表わされる反転分布をもち，(5.20)で表わされる B 係数をもつレーザー媒質の利得定数は，(5.17)に(5.19), (4.39)および(4.35)を代入し

$$G = \left(N_2 - \frac{g_2}{g_1}N_1\right)\frac{\pi\omega}{3\varepsilon_0 c\hbar}|\mu_{21}|^2 g(\omega) \tag{5.21}$$

または

$$G = \left(\frac{g_1}{g_2}N_2 - N_1\right)\frac{\pi\omega}{3\varepsilon_0 c\hbar}|\mu_{12}|^2 g(\omega)$$

と表わされる．

反転分布媒質によるレーザー増幅は，通常の熱平衡媒質による吸収と反対の作用である．通常の吸収では入射光が周波数と位相はそのままで減衰する．この場合の時間を逆転してみると，初めに弱い光が前とは逆向きに進んできて，周波数と位相はそのままで振幅が増大していくようにみえる．これがレーザーにより増幅される光波のようすを表わしている．個々の原子がこのようなレーザー増幅にどのように寄与しているかの考察は第7章で説明する．

§5.5 レーザー発振の条件

増幅器に正のフィードバックをかけると増幅度が大きくなるが，ある条件で不安定になって発振状態に入る．図5.5に示すように，ある周波数の入力に対

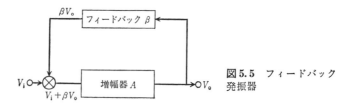

図5.5 フィードバック発振器

§5.5 レーザー発振の条件　99

して増幅率 A をもつ増幅器にフィードバックをかけ，出力電圧 V_{o} の $\beta\ (<1)$ 倍を入力電圧 V_1 に加えて増幅する．$\beta=0$ ならばフィードバックがなく，$V_{\mathrm{o}}=AV_1$ である．$\beta\neq0$ のフィードバックがあると，入力電圧を $V_1+\beta V_{\mathrm{o}}$ にして増幅するので

$$V_{\mathrm{o}} = A(V_1 + \beta V_{\mathrm{o}})$$

となる．したがってフィードバック増幅器の増幅率は

$$\frac{V_{\mathrm{o}}}{V_1} = \frac{A}{1-\beta A} \tag{5.22}$$

と表わされる．入出力電圧は交流理論の複素電圧を考えているので，A も β も一般に複素数であって位相の変化を含む．そこで，$|1-\beta A|<1$ のときが正のフィードバック，$|1-\beta A|>1$ のときが負のフィードバックである．

　話をわかり易くするため，増幅器でもフィードバック回路でも位相のずれがなくて A も β も実数とすると，$\beta A>0$ で正のフィードバックになり，増幅率はフィードバックがないときより大きくなる．β か A を次第に大きくしていくと，$\beta A=1$ になったとき，増幅率は無限大になる．実験的には入力を 0 にしても，回路や増幅器内の電気的雑音が種子になって増幅され，大きな出力電圧を生じる．出力電圧が実際に無限大にならないのは，増幅器から出せるエネルギーは有限であること，言い換えれば増幅率は必ず飽和するからである．

　一般に増幅率 A もフィードバック係数 β も周波数特性をもつので，βA が最大になるような周波数で最初に発振が始まる．発振して振幅が大きくなるにつれて，増幅器の非線形特性が現われてきて増幅率が小さくなり，また周波数特性も変わる．このため発振振幅が最初指数関数的に立ち上がった後，次第に振幅の増加はゆるやかになり，周波数も多少ずれる．やがて $\beta A=1$ になるような振幅と周波数をもつようになると，定常的に一定振幅の発振が続く．しかし，いつでも最後は一定振幅の発振になるとは限らない．いつまでたっても $\beta A=1$ にならないで振幅が増えたり減ったりして，同時に周波数が上がったり下がったりし続けることもある．このような発振状態はしばしば緩和発振とよばれている．また，ある条件では，発振振幅も周波数も不規則に変動する状態を続

100   第5章 レーザーの原理

ける発振もあり，カオス(chaos)とよばれている．このような3種の発振現象
はレーザーでも起こることが知られている*．

　ここではまず，レーザーの定常的に安定な発振だけを考える．図5.1に示し
たように，反射鏡 M_1 と M_2 の間に反転分布のレーザー媒質があるとする．反
射鏡のパワー反射率を R_1, R_2 とし，レーザー媒質の長さを l，利得定数を G と
しよう．光が2枚の鏡の間を1往復するときレーザー媒質を2回通るので，往
復の増幅率を A とすると，往復の利得は

$$A^2 = e^{2Gl} \tag{5.23}$$

となる．増幅出力振幅の $\sqrt{R_1 R_2}$ 倍がフィードバックされることになるので，

$$\beta = \sqrt{R_1 R_2}\, e^{i\theta} \tag{5.24}$$

と表わす．$e^{i\theta}$ をつけてあるのは，フィードバックされる光の位相と初めに増
幅される光の位相とは著しく異なり得るからである．光のように高周波で短波
長では，この位相は周波数が相対的にわずか違っても著しく変わる．したがっ
てレーザー増幅における位相のずれを無視すると，θ がほとんど0になるよう
な周波数で発振が起こる．

　そこで $\theta=0$ とおいて，発振条件である $\beta A=1$ に上の2式を代入すると

$$Gl + \frac{1}{2}\ln R_1 R_2 = 0 \tag{5.25}$$

となる．実際のレーザー媒質には，2準位原子だけでなく，他の準位にある原
子や不純物原子も含まれ，さらに固体では母体結晶，気体放電ではイオンや電
子があって，これらがある程度レーザー光を吸収する．反射鏡以外のいろいろ
の損失をひとまとめにして，1往復でパワーが K 倍($K<1$)になるとき，等価
的パワー吸収定数(loss constant)として

$$L_{\mathrm{eff}} = -\frac{1}{2l}\ln K$$

を用いる．このように表わされる余分の損失を含めると，レーザー発振の条件
は(5.25)の代わりに

　＊ レーザーの緩和発振については§6.4で述べる．また不規則な発振は最近明らか
にされた．

$$(G-L_\text{eff})l+\frac{1}{2}\ln R_1R_2 = 0 \tag{5.26}$$

または

$$G = \frac{1}{2l}|\ln R_1R_2|+L_\text{eff} \tag{5.27}$$

と表わされる．

これらの式で，$R_1<1$, $R_2<1$ であるから $\ln R_1R_2<0$ である．したがって $|\ln R_1R_2|$ が小さいほど小さな利得でレーザー発振が可能である．そこで，なるべく反射率が 1 に近いようにする．$R_1, R_2\approx 1$ の近似の下に (5.27) を書き換えれば

$$G = \frac{1-R_1R_2}{2l}+L_\text{eff} \tag{5.28}$$

となる．左辺は利得，右辺は損失を表わす係数であって，この式は利得と損失の釣り合いを意味している．

利得が損失より小さければ，光電場があっても指数関数的に減衰する．利得が損失より大きければ熱放射などの光電場が種子になって指数関数的に発振が立ち上がる．このときの増加率は利得と損失の差で与えられる．光電場が強くなるにつれてレーザー媒質の上準位の原子数が減少し，利得が小さくなる．ところが損失の方は光が強くなってもあまり変わらないので，図 5.6 に示すように光の強さが増すにつれて利得と損失の差が減少するので増加率は小さくなり，最終的には利得と損失とが釣り合う点 (図 5.6 の P 点) に達する．そこで (5.27) や (5.28) は，レーザー発振開始のための利得定数の**しきい値**(threshold) を与えると同時に，定常的発振時の値を示している．

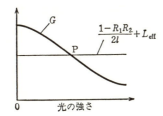

図 5.6　飽和特性をもつ利得 G と損失 (5.28)

102　第5章　レーザーの原理

　そこでレーザー発振に必要な**反転分布のしきい値**，または**定常発振の反転分布** ΔN_{th} を求めると，(5.28)と(5.17)から

$$\Delta N_{\text{th}} = \frac{c}{\hbar\omega B(\omega)}\left(\frac{1-R_1R_2}{2l}+L_{\text{eff}}\right) \tag{5.29}$$

となる．あるいはまた，(5.21)を用いて

$$\left(N_2-\frac{g_2}{g_1}N_1\right)_{\text{th}} = \frac{3\varepsilon_0 c\hbar}{\pi\omega|\mu_{21}|^2 g(\omega)}\left(\frac{1-R_1R_2}{2l}+L_{\text{eff}}\right) \tag{5.30}$$

と表わすこともできる．

　簡単のため縮重がないものとし，$B(\omega)$ と $g(\omega)$ はローレンツ形で，$g(\omega_0)=(\pi\Delta\omega)^{-1}$ とすれば，(5.29)または(5.30)は $\omega=\omega_0$ のとき

$$\Delta N_{\text{th}} = \frac{3\varepsilon_0 c\hbar}{|\mu_{21}|^2}\cdot\frac{\Delta\omega}{\omega}\left(\frac{1-R_1R_2}{2l}+L_{\text{eff}}\right) \tag{5.31}$$

となる．右辺の第1因子は遷移の双極子モーメントが大きいほどしきい値が下がることを示す．第2因子はスペクトル線が鋭いほど，第3因子は光共振器の損失が少ないほどしきい値が下がることを示している．

　以上の議論では，2枚の鏡の間を往復する光の増幅と減衰を考えたが，光共振器の電磁波のモードを考えて，以下のようにレーザー発振を取り扱うこともできる．

　図5.1のレーザーの2枚の反射鏡は§3.4で述べたファブリー・ペロー共振器としてはたらき，波動ベクトルが鏡面に垂直で周波数が固有周波数に等しい光を閉じ込める．共振器に蓄えられた光のエネルギーを W とするとき，反射鏡やレーザー媒質などで単位時間に失われるエネルギーすなわち損失パワーを P_{L} とすれば，共振器の Q 値は

$$Q_{\text{c}} = \frac{\omega W}{P_{\text{L}}} \tag{5.32}$$

で定義される．ただし ω は角周波数である．この共振器の中で自由減衰する光の振幅減衰定数を κ とすれば，エネルギー減衰率は

$$2\kappa = -\frac{1}{W}\frac{\mathrm{d}W}{\mathrm{d}t} = \frac{\omega}{Q_{\text{c}}} \tag{5.33}$$

である．

§5.6 レーザーの発振周波数 103

　簡単のため光の強度分布は一様であるとし，レーザー媒質は共振モードの中に一様に満たされている$(l=L)$としよう．共振モードの中の光のエネルギー密度の平均を単位長さあたり U とすれば，損失パワーは

$$P_{\mathrm{L}} = \frac{\omega UL}{Q_{\mathrm{c}}} \tag{5.34}$$

である．一方，反転分布 $\varDelta N$ をもつレーザー媒質から誘導放出して共振モードに与えられる光パワー P_{G} は，(4.40)から

$$P_{\mathrm{G}} = \varDelta N \hbar \omega B(\omega) UL \tag{5.35}$$

と表わされる．そこで損失 P_{L} と利得 P_{G} が釣り合うときの反転分布を $\varDelta N_{\mathrm{th}}$ とすれば

$$\frac{1}{Q_{\mathrm{c}}} = \varDelta N_{\mathrm{th}} \hbar B(\omega) \tag{5.36}$$

となる．

　反射率 R_1 と R_2 の2枚の反射鏡の間隔を L とした光共振器では，時間 $2L/c$ の間に反射で失われるエネルギーは $(1-R_1R_2)UL$ である．したがって，他の損失を無視すれば，損失パワーは

$$P_{\mathrm{L}} = \frac{c(1-R_1R_2)}{2} U$$

となる．これと(5.34)から，光共振器の Q 値は

$$Q_{\mathrm{c}} = \frac{2\omega L}{c(1-R_1R_2)} \tag{5.37}$$

と表わされることがわかる．(5.36)と(5.37)から反転分布のしきい値，または定常発振の反転分布は

$$\varDelta N_{\mathrm{th}} = \frac{c(1-R_1R_2)}{2\hbar\omega B(\omega)L} \tag{5.38}$$

と表わされる．ここでは反射以外による損失を無視したので，この結果は往復する光を考えて導いた(5.29)と一致する．

§5.6 レーザーの発振周波数

2枚の反射鏡の間を往復する平面光波のレーザーの発振周波数がどのように

104   第5章　レーザーの原理

きまるかを考えてみよう．いま，$z=0$ にある鏡面から $+z$ 方向に進む平面波の複素表示を

$$E(z, t) = E_0 \, \mathrm{e}^{i(\omega t - kz)} \tag{5.39}$$

と書くと，k は複素数になる．k の虚部の2倍が利得定数 G になるので，k の実部を k_0 で表わすと，§4.6 で述べたように $\varepsilon = \varepsilon_0\{1+\chi(\omega)\}$ であるから

$$k = k_0 + i\frac{G}{2} = \frac{\omega}{c}\sqrt{1+\chi(\omega)} \tag{5.40}$$

である．$\chi(\omega)$ は媒質の複素感受率であるが，その大きさは小さいものとして近似すれば，波長定数 k_0 と利得定数 G は

$$k_0 = \frac{\omega}{c}\left\{1+\frac{1}{2}\chi'(\omega)\right\} \tag{5.41}$$

$$G = -\frac{\omega}{c}\chi''(\omega) \tag{5.42}$$

となる．反転分布媒質では $\chi''<0$ であるから，$G>0$ となる．

(5.39) に (5.40) を代入すれば，他の鏡面 $z=L$ で

$$E(L, t) = E_0 \, \mathrm{e}^{(1/2)GL} \, \mathrm{e}^{i(\omega t - k_0 L)} \tag{5.43}$$

となる．$z=0$, L にある鏡の振幅反射率を r_1, r_2 とすれば，(5.43) の波は $z=L$ で反射されると r_2 倍になって $-z$ 方向に進む．次に $z=0$ の鏡で反射されると，さらに r_1 倍になって $+z$ 方向に進む．このとき

$$E(0, t) = r_1 r_2 E_0 \, \mathrm{e}^{GL} \, \mathrm{e}^{i(\omega t - 2k_0 L)}$$

となる．レーザーが定常発振しているときには，これは初めに仮定した (5.39) の $z=0$ における値 $E_0 \, \mathrm{e}^{i\omega t}$ と一致しなければならない．したがって

$$r_1 r_2 \, \mathrm{e}^{GL} \, \mathrm{e}^{-2ik_0 L} = 1$$

が定常発振の条件である．$r_1 r_2 = \sqrt{R_1 R_2}\,\mathrm{e}^{i\theta}$ は (5.24) の β と同じであるから，これを用いると上式の絶対値は

$$\sqrt{R_1 R_2}\,\mathrm{e}^{GL} = 1 \tag{5.44}$$

また，偏角は n を整数として

$$2k_0 L = 2n\pi + \theta \tag{5.45}$$

となる．(5.44) の対数をとれば，エネルギーの釣り合いから求めた (5.25) と同

§5.6 レーザーの発振周波数 105

じである．それに(5.42)を代入すれば，

$$\frac{\omega}{c}\chi''(\omega)L = \frac{1}{2}\ln R_1 R_2 \qquad (5.46)$$

と表わされる(両辺ともに負)．$R_1 R_2$ が1に近いとき，$\ln R_1 R_2 = R_1 R_2 - 1$ と近似することができるので，光共振器の Q 値を表わす(5.37)を用いて上式を書き換えると，レーザー発振の条件は

$$-\chi''(\omega) = \frac{1}{Q_c} \qquad (5.47)$$

という簡単な形になる．

さて，発振周波数をきめるのは，(5.45)である．これに(5.41)を代入すれば

$$\frac{\omega}{c}\{2+\chi'(\omega)\}L = 2n\pi+\theta \qquad (5.48)$$

となる．ところでローレンツ形のスペクトルでは，(4.52)と(4.53)，または(4.58)と(4.59)からわかるように

$$\chi'(\omega) = -\chi''(\omega)\frac{\omega-\omega_0}{\gamma} \qquad (5.49)$$

の関係がある．これと(5.47)を用いると，定常発振では

$$\chi'(\omega) = \frac{\omega-\omega_0}{\gamma Q_c}$$

と書ける．そこで定常発振角周波数 ω は(5.48)にこれを代入した

$$\frac{\omega}{c}\left(2+\frac{\omega-\omega_0}{\gamma Q_c}\right)L = 2n\pi+\theta \qquad (5.50)$$

で与えられる．反射の位相差を考慮したときの共振角周波数 ω_c は，(5.48)で $\chi'=0$ とおいて与えられ

$$\omega_c = \frac{c}{L}\left(n\pi+\frac{\theta}{2}\right) \qquad (5.51)$$

となる．(5.50)の右辺に(5.51)を代入し，左辺の ω/Q_c に(5.33)を代入して計算すると

$$\frac{\omega-\omega_c}{\kappa}+\frac{\omega-\omega_0}{\gamma} = 0 \qquad (5.52)$$

となる．したがってレーザーの発振角周波数は

106   第5章　レーザーの原理

$$\omega = \frac{\kappa\omega_0 + \gamma\omega_c}{\kappa + \gamma} \tag{5.53}$$

となることがわかる。κ は共振器の減衰定数であるから，共振曲線の半値半幅
（角周波数）に等しい。また γ は，第4章で述べたように振動双極子の減衰定数
すなわちスペクトル線の半値半幅である。いま，スペクトル線の鋭さを表わす
Q 値を $Q_0 = \omega_0/2\gamma$ で定義すれば，(5.53) は

$$\omega = \frac{Q_0\omega_0 + Q_c\omega_c}{Q_0 + Q_c} \tag{5.54}$$

と書くこともできる。

　　これらの式によれば，レーザーの発振周波数は光共振器の共振周波数とレー
ザー遷移の周波数との中間の値になるが，Q の高い周波数の方により近い値を
とる。普通のレーザーではスペクトル線の Q 値よりも共振器の Q 値の方が高
く，$Q_c > Q_0$ であるから，発振周波数は第1近似では共振器の共振周波数に等し
い。しかし，いくらかスペクトル線の周波数の方に引きずられている。これ
を**周波数引き寄せ**(frequency pulling) という。

　　たいていのレーザーでは，1つのモードだけでなく，多数のモードで発振す
る。それは，(5.51) で表わされるモードの間隔 $c\pi/L$ よりはスペクトル線幅 γ
の方が広いので，いくつかのモードで小振幅利得が損失を上回るようになり，
これらのモードで発振するからである。ここではファブリー・ペロー共振器の
縦モードだけを考えたが，多くのレーザーでは横モードについても高次の発振
が起こる。

レーザーの出力特性

_____ 第 **6** 章

　レーザーの特性は，共振器内の光と原子とポンピングおよび緩和とが関与してきまる．そこでレーザーの理論にはこれらの諸因子の取り扱い方によって種々のものがあり，大別して，レート方程式の理論と半古典的理論と量子力学的理論とに分けられている．量子力学的理論では光と原子をともに量子力学的に取り扱う．半古典的理論では光を古典的電磁波としてマクスウェルの方程式で取り扱い，原子を量子力学的に取り扱う．レート方程式では光や原子分極の位相を無視し，光エネルギーあるいは光子数と原子数の時間的増減を考える．したがって，レート方程式では発振周波数の変化や多モード発振の特性を論じることはできない．

§6.1　レーザー発振のレート方程式

　第5章では3準位レーザーや4準位レーザーで反転分布を生じる条件を調べた．そこで計算した反転分布は誘導放出が起こっていないときのものであって，レーザーが発振するとそのための誘導放出によって反転分布は減少する．また，実際の原子は多準位系であって，多数の準位がレーザー発振に影響を与えている．この章ではレーザーの出力特性を調べるのが目的であるから，レーザー準位以外の準位およびポンピングの効果は，緩和速度と励起速度との与えられたパラメーターとして導入する．そして励起の過程は考えないが，レーザー光による誘導放出の効果は考えることにする．

　レーザー遷移は，準位2から準位1へ起こるものとし，上下準位の緩和速度（緩和定数ともいう）をそれぞれγ_2, γ_1で表わす．ポンピングによって原子を主

108 第6章 レーザーの出力特性

として上の準位に励起するが，下の準位にもいくらか励起されるので，上下準位への励起速度(単位時間に励起される単位体積中の原子数)をそれぞれ $\varPhi_2, \varPhi_1$ で表わす．これらの緩和速度や励起速度は，媒質の種類や温度，ポンピングの強さなどによって著しく変わるけれども，レーザー光の強さによってはあまり変わらないので，それぞれ一定であると仮定する．

　角周波数 ω，エネルギー密度 W のレーザー光の場の中にこのようなレーザー媒質の原子があるとき，単位体積内の上準位の原子数を N_2 とすれば，単位時間に起こる誘導放出は $N_2B(\omega)W$ であり，下準位の N_1 個の原子による吸収は $N_1B(\omega)W$ となる．$B(\omega)$ は§4.5の(4.39)である．そうすると，上下準位の原子数の時間変化は

$$\frac{\mathrm{d}N_2}{\mathrm{d}t} = \varPhi_2 - \gamma_2 N_2 - (N_2 - N_1)B(\omega)W \tag{6.1}$$

$$\frac{\mathrm{d}N_1}{\mathrm{d}t} = \varPhi_1 - \gamma_1 N_1 + (N_2 - N_1)B(\omega)W \tag{6.2}$$

で表わされる．次に，レーザー共振器の振幅減衰率を κ とすると，共振器の中の光のエネルギー密度の時間変化は

$$\frac{\mathrm{d}W}{\mathrm{d}t} = -2\kappa W + \hbar\omega(N_2 - N_1)B(\omega)W \tag{6.3}$$

となる．右辺の第2項が誘導放出によって増加するエネルギーを表わし，自然放出によるものはこれにくらべて小さいとして無視している．(6.1)〜(6.3)がレート方程式理論の基礎式である．

　レーザー媒質はポンピングされているが，レーザー発振が起こっていない $W=0$ のときの上下準位の原子数には(0)を上につけて表わすと，(6.1)と(6.2)から定常状態では

$$N_2^{(0)} = \frac{\varPhi_2}{\gamma_2}, \quad N_1^{(0)} = \frac{\varPhi_1}{\gamma_1} \tag{6.4}$$

となる．もしも熱平衡状態ならば，励起は熱的励起だけであるから，熱的励起と緩和の比は(5.1)で表わされるように

$$\left(\frac{\varPhi_2}{\gamma_2}\right)_T \propto \exp\left(-\frac{W_2}{k_\mathrm{B}T}\right), \quad \left(\frac{\varPhi_1}{\gamma_1}\right)_T \propto \exp\left(-\frac{W_1}{k_\mathrm{B}T}\right)$$

となるので，熱平衡のときの原子数の比は

$$\left(\frac{N_2}{N_1}\right)_T = \exp\left(-\frac{W_2-W_1}{k_B T}\right)$$

となって，ボルツマン分布に従っている．レーザーでは前に述べたいろいろの方法で Φ_2 を大きく，γ_2 を小さくして，なるべく大きな反転分布

$$\Delta N^{(0)} = N_2^{(0)} - N_1^{(0)} \tag{6.5}$$

を作るようにしている．

発振開始条件，または**反転分布のしきい値**は，(6.3)の右辺を0にするような $N_2 - N_1$ の値であるから

$$\Delta N_{\text{th}} = \frac{2\kappa}{\hbar\omega B(\omega)} \tag{6.6}$$

で与えられる．これは§5.5の考察，すなわち(5.36)に(5.33)を代入した結果と完全に同じである．

§6.2 定常発振出力

定常発振に対しては(6.1)～(6.3)は0になる．(6.1)/γ_2 と(6.2)/γ_1 の差を作り，(6.4)を用いると

$$\Delta N^{(0)} - \Delta N - 2\tau\Delta N B(\omega)W = 0 \tag{6.7}$$

となる．ただし

$$\begin{aligned} \Delta N &= N_2 - N_1 \\ \tau &= \frac{1}{2}\left(\frac{1}{\gamma_2} + \frac{1}{\gamma_1}\right) \end{aligned} \tag{6.8}$$

である．τ はこの2準位系の実効的緩和時間を表わしている．(6.7)から

$$\Delta N = \frac{\Delta N^{(0)}}{1 + 2\tau B(\omega)W} \tag{6.9}$$

が得られる．この式は光のエネルギー密度 W が増すにつれて，レーザー媒質の反転分布 ΔN が図6.1のように減少していくことを示している．光エネルギーの増加率を示す(6.3)の右辺を見るとわかるように，ΔN が小さくなると増加率は減少し，右辺の2項の絶対値が等しくなったとき定常状態になる．この

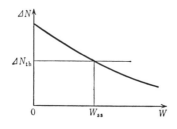

図 6.1 光強度による反転分布 ΔN の減少としきい値 $\Delta N_{\rm th}$ および定常発振光のエネルギー密度 $W_{\rm ss}$ の関係

とき

$$\Delta N = \frac{2\kappa}{\hbar\omega B(\omega)} \tag{6.10}$$

すなわち $\Delta N = \Delta N_{\rm th}$ になる.

　定常発振状態での光エネルギー密度 $W_{\rm ss}$ は (6.9) と (6.10) とを両立させる W の値であるから, $\Delta N = \Delta N_{\rm th}$ とおくことにより

$$W_{\rm ss} = \frac{\hbar\omega}{4\kappa\tau}(\Delta N^{(0)} - \Delta N_{\rm th}) \tag{6.11a}$$

または

$$W_{\rm ss} = \frac{1}{2\tau B(\omega)}\left(\frac{\Delta N^{(0)}}{\Delta N_{\rm th}} - 1\right) \tag{6.11b}$$

が得られる.

　励起の強さを次第に大きくしていくとき,反転分布がしきい値 $\Delta N_{\rm th}$ を越えると発振するが,レーザーの出力は図6.2に示すようにしきい値を越える値 $\Delta N^{(0)} - \Delta N_{\rm th}$ に比例して直線的に増加することがわかる.この関係はすべてのレーザーについて近似的に成り立つことが知られている.しかし実際の個々のレーザーでは,この節の仮定が厳密には成り立っていない.たとえば励起を強

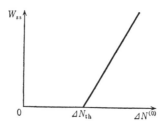

図 6.2 反転分布と定常発振出力との関係

§6.2 定常発振出力　111

くすると媒質の温度が変化し，そのために緩和定数が変わるなどのことがあるので，出力特性は直線から外れてくる．レーザーによって，出力特性曲線が ΔN を増すにつれて立ってくる場合と，ねてくる場合とがある．なお，横軸を反転分布でなく，ポンピング電流の強さなどで表わした出力特性では，さらに直線からの外れが著しくなることが多い．

　(6.11)はレーザー共振器の中の光のエネルギー密度を与えるが，このときレーザー媒質から誘導放出されている光パワーは単位体積あたり $P_{ss} = 2\kappa W_{ss}$ であるから，(6.11 a)を用いれば

$$P_{ss} = \frac{\hbar\omega}{2\tau}(\Delta N^{(0)} - \Delta N_{th}) \tag{6.12}$$

と表わされる．(6.12)の分母にある τ は(6.8)で定義した原子の緩和時間であるから $\hbar\omega/\tau$ は1個の原子が放出する光パワーである．しかし1個の原子が上準位から下準位に遷移すると，N_2 が1つ減って N_1 が1つ増えるので反転分布は2つ減る．そこで光を放出する原子数は $\Delta N/2$ となることで，(6.12)の意味がよく理解できる．

　上式(6.12)はレーザー共振器内のパワーであって，外に取り出されたパワーではない．普通のレーザーでは1つの反射鏡を部分的に透過性にして出力を取り出す．そうするとその分だけ共振器の損失が増し，発振のしきい値が高くなる．そこで鏡の透過率を大きくし過ぎると出力パワーはかえって小さくなり，ある最適値がある．

　長さ L の共振器の1つの鏡の透過率を T とすれば，定常発振出力はレーザー媒質の単位体積あたり

$$P_{out} = 2\kappa_T W_{ss}, \quad \kappa_T = \frac{c}{4L}T \tag{6.13}$$

と表わされる．ここに κ_T は出力の結合による振幅減衰率を表わし，出力結合係数ということもできる．$T=0$ のとき共振器の振幅減衰率を κ_0 とすれば，一般に

$$\kappa = \kappa_0 + \kappa_T \tag{6.14}$$

になると考えられるので，(6.11a)を用いると，単位体積あたりの出力は

$$P_{\text{out}} = \frac{\hbar\omega\kappa_T}{2\kappa\tau}(\Delta N^{(0)} - \Delta N_{\text{th}}) \tag{6.15}$$

と書ける．ここで，しきい値 ΔN_{th} は(6.6)で示すように $\kappa = \kappa_0 + \kappa_T$ に比例して変わるから，$\kappa_T = 0$ のときに最小値をとり

$$\Delta N_{\text{th, min}} = \frac{2\kappa_0}{\hbar\omega B(\omega)} \tag{6.16}$$

である．これに対する反転分布の相対値，すなわち相対的励起強度 $\mathcal{N}$ を

$$\mathcal{N} = \frac{\Delta N^{(0)}}{\Delta N_{\text{th, min}}} \tag{6.17}$$

で表わすと，(6.15)は

$$P_{\text{out}} = \frac{\kappa_T}{\tau B(\omega)}\left(\frac{\kappa_0 \mathcal{N}}{\kappa_0 + \kappa_T} - 1\right) \tag{6.18}$$

となる．

そこで出力結合係数に対する出力パワーの変化は図6.3のようになる．出力を最大にする結合係数を κ_{opt} とすれば，(6.18)を κ_T で微分したものを0とおくことにより，κ_T の最適値として

$$\kappa_{\text{opt}} = (\sqrt{\mathcal{N}} - 1)\kappa_0 \tag{6.19}$$

が得られる．この最適結合で得られる出力は

$$P_{\text{opt}} = \frac{\kappa_0}{\tau B(\omega)}(\sqrt{\mathcal{N}} - 1)^2 \tag{6.20}$$

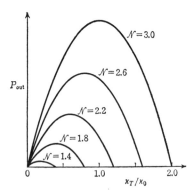

図6.3 出力結合係数 κ_T/κ_0 に対する出力の変化．パラメーター $\mathcal{N}$ は相対的励起強度．

という簡単な式で与えられる.

§6.3 発振の立上り

レート方程式(6.1)〜(6.3)を用いて,レーザー発振の立上りの様子を調べることができる.§5.6で述べたように,レーザーでは一般に光共振器の Q 値の方がスペクトル線の Q 値よりも高く,$\kappa \ll \gamma$ である.そうすると,誘導放出による光共振器内のエネルギーの増加率があまり大きくない限り,光エネルギー W の変化は反転分布 $\varDelta N$ の変化にくらべてゆっくりとしている.そこで,(6.3)で W の時間的変化を考えるときに,$\varDelta N$ は準定常的な値をとっているとみなしてよいから,発振の立上りを容易に計算することができる.$\varDelta N$ と W の変化をそれぞれ考える場合については,次節で論じる.

ここでは,発振の立上りにおいて W が次第に増加していくとき,$\varDelta N$ はそのときの光の強さできまる定常値,すなわち(6.9)の値をとると考える.(6.9)を(6.3)に代入すれば

$$\frac{\mathrm{d}W}{\mathrm{d}t} = -2\kappa W + \frac{\hbar\omega\varDelta N^{(0)}B(\omega)W}{1+2\tau B(\omega)W} \tag{6.21}$$

となる.式の表現を簡単にするため

$$\hbar\omega\varDelta N^{(0)}B(\omega) = 2a$$

$$2\tau B(\omega) = b$$

とおき,飽和が小さいとして $(1+bW)^{-1}\simeq 1-bW$ と近似すれば,定常発振の光エネルギー密度は

$$W_{\mathrm{ss}} = \frac{a-\kappa}{ab} \tag{6.22}$$

と表わされ,(6.21)は

$$2\mathrm{d}t = \frac{\mathrm{d}W}{(a-\kappa-abW)W} \tag{6.23}$$

となる.これを積分し,初め $t=0$ で $W=W_0$ であったとすれば

$$2(a-\kappa)t = \ln\frac{W}{a-\kappa-abW}\cdot\frac{a-\kappa-abW_0}{W_0}$$

となる．(6.22)を用いてこれを書き換えれば

$$e^{2(a-\kappa)t} = \frac{W}{W_0} \cdot \frac{W_{ss}-W_0}{W_{ss}-W}$$

となる．

これを解いて，W の時間的変化は

$$W(t) = \frac{W_{ss}W_0\,e^{2(a-\kappa)t}}{W_{ss}+W_0(e^{2(a-\kappa)t}-1)} \tag{6.24}$$

と表わされる．$W_{ss} \gg W_0$ であるから，定常発振エネルギーの初期値に対する比を

$$A = \frac{W_{ss}}{W_0}$$

と書けば

$$W(t) = \frac{W_{ss}}{1+A\,e^{-2(a-\kappa)t}} \tag{6.25}$$

と表わすこともできる．

代表的な数値例に対する計算結果を図 6.4 および図 6.5 に示す．光共振器の

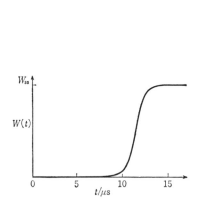

図 6.4 定常発振の立上り（$a-\kappa = 1 \times 10^6\,\mathrm{s}^{-1}$, $A = 10^{10}$）

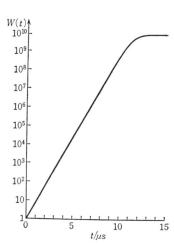

図 6.5 図 6.4 と同じ定常発振の立上りの片対数グラフ

§6.4 緩和発振 115

減衰率は, (5.33)と(5.37)から$\kappa=c(1-R_1R_2)/4L$ であるから, $L=1\,\mathrm{m}$, R_1R_2 $=0.9$とすれば, $\kappa=7.5\times10^6\,\mathrm{s}^{-1}$ となる. そこで増幅係数aはこれより少し大きいとして, $a-\kappa=1\times10^6\,\mathrm{s}^{-1}$ とした. W_0の値は$t=0$における等価温度や外来光などによるが, $1\sim10^3\hbar\omega$であろう. しかし, $W(t)$を対数目盛で示した図6.5, あるいは(6.25)を見てすぐわかるように, W_0の値を変えることは$t=0$の位置を少し変えることとほとんど同じであるから, この計算例では$A=W_{\mathrm{ss}}/W_0$ $=10^{10}$ とした.

図6.5を見ると, レーザー発振がはじめ指数関数的に立ち上がり, やがて飽和効果が現われて定常値に達することがよく分かる. 図6.4の曲線のほとんど大部分は, 飽和効果の利いてくる$t=10\,\mu\mathrm{s}$以後の変化を示している. このような発振の立上りは, $a-\kappa$ が τ^{-1} よりもずっと小さいときに成り立つ近似計算であって, 低利得で連続発振する気体レーザーはこれに相当する. しかし, レーザー共振器のQ値が低く, レーザー媒質の利得が高い固体レーザーなどについては, この節の近似があてはまらない. そのような場合については次節で述べよう.

§6.4 緩 和 発 振

フラッシュランプで励起されたルビーレーザーやパルス電流で励起された半導体レーザーの発振の立上りは図6.4のようにならないで, しばしば図6.6に示すような緩和発振が現われる. このような緩和発振やパルス発振の特性はレート方程式を使って論じることができる. (6.1)〜(6.3)の3つの方程式を取り扱うのはめんどうであるから, パルスや過渡現象の現われる時間は比較的短くてその間にレーザーの上下準位以外の準位との間の遷移(励起や緩和)はほとんど起こらないとする.

そうすると, 上下準位の原子数の和N_2+N_1は一定であるから, 反転分布$\Delta N=N_2-N_1$の時間変化は

$$\frac{\mathrm{d}}{\mathrm{d}t}\Delta N=\frac{\Delta N^{(0)}-\Delta N}{\tau}-2\Delta NWB(\omega) \tag{6.26}$$

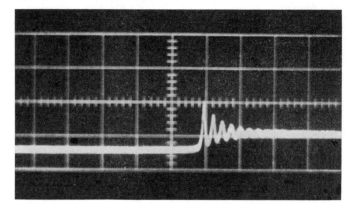

図 6.6 ルビーレーザーで観測された緩和発振．時間軸は 1 目盛 10 μs.
(K. Shimoda : *Proc. Symposium on Optical Masers*, ed. J. Fox, Polytechnic Press, New York, 1963, 95 より)

で表わされ，(6.3)は

$$\frac{\mathrm{d}}{\mathrm{d}t}W = -2\kappa W + \hbar\omega\varDelta NWB(\omega) \tag{6.27}$$

となる．これらの式は，2 つの変数 W と $\varDelta N$ の積の項をもつ非線形連立微分方程式である．

式を見やすくするために，変数 $\varDelta N, W, t$ を次のような無次元量に変換する．

$$x = \hbar\omega\tau B(\omega)\varDelta N, \qquad y = \tau B(\omega)W, \qquad \theta = \frac{t}{\tau}$$

とおけば，(6.26) と (6.27) はそれぞれ

$$\frac{\mathrm{d}x}{\mathrm{d}\theta} = x_0 - x - 2xy \tag{6.28}$$

$$\frac{\mathrm{d}y}{\mathrm{d}\theta} = -x_\mathrm{s} y + xy \tag{6.29}$$

となる．ただし，

$$x_\mathrm{s} = 2\kappa\tau, \qquad x_0 = \hbar\omega\tau B(\omega)\varDelta N^{(0)}$$

としている．すぐわかるように，x_s は反転分布のしきい値(6.6)すなわち定常発振(6.10)のときの x を表わし，定常発振のエネルギーは，(6.28) と (6.29) を 0 とおくことにより

$$y_s = \frac{1}{2}\left(\frac{x_0}{x_s}-1\right) \tag{6.30}$$

で与えられる．これは(6.11)と同等である．

相対的励起 $\mathcal{N}=x_0/x_s$ が比較的大きいときの発振の立上りを非線形連立微分方程式(6.28), (6.29)を用いて数値計算した結果はたとえば図6.7のようになり，図6.6のような実際のレーザーの緩和発振をほぼ説明することができる．はじめの大振幅の緩和発振が減衰して定常値に近づいたところでは，方程式を次のように線形化して解析的に論じることができるので，緩和発振の周期や減衰率とパラメーターとの関係が見やすくなる．

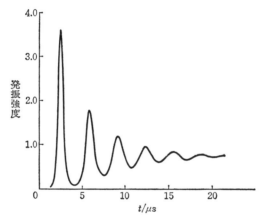

図6.7 緩和発振の数値計算例

x と y がそれぞれ x_s と y_s に近いとき

$$\left.\begin{array}{l}x = x_s(1+p) \\ y = y_s(1+q)\end{array}\right\} \tag{6.31}$$

とおけば，p と q は1にくらべて小さいので，pq の項を無視すれば，(6.28)と(6.29)は

$$\frac{dp}{d\theta} = -\mathcal{N}p-(\mathcal{N}-1)q$$

$$\frac{dq}{d\theta} = x_s p$$

となる．両式から p を消去すれば

118 第6章 レーザーの出力特性

$$\frac{d^2q}{d\theta^2} + \mathcal{N}\frac{dq}{d\theta} + x_s(\mathcal{N}-1)q = 0 \tag{6.32}$$

が得られる. これはよく知られた減衰振動の方程式であって, その解を $t=\theta\tau$ について書けば

$$q = A\,e^{-\gamma t}\cos\omega_m(t-t_0) \tag{6.33}$$

となる. ただし A と t_0 は初期値を表わし, ω_m と γ は

$$\omega_m = \frac{1}{2\tau}\sqrt{4x_s(\mathcal{N}-1)-\mathcal{N}^2} \simeq \frac{1}{\tau}\sqrt{x_s(\mathcal{N}-1)} \qquad (\tau \gg \kappa^{-1})$$

$$\gamma = \frac{\mathcal{N}}{2\tau}$$

である. この結果から, 励起を強くするほど緩和発振の周期は短くなり, 減衰率は大きくなることがわかる.

§6.5 Q スイッチ

レーザー遷移の上準位の寿命が比較的長い場合, Q スイッチによって瞬間的出力の大きなパルス発振が得られる. Q スイッチ発振では, はじめレーザー共振器の Q 値を低くしておいて励起を続け, 反転分布が十分に大きくなったとき, 急に共振器の Q 値を高くして, 上準位に貯められていたエネルギーを短時間にレーザー出力として取り出す. こうして発生されるパルス出力の尖頭値は通常のパルス発振の場合よりもはるかに高いので, Q スイッチ発振パルスをジャイアントパルス (giant pulse) とよぶ.

Q スイッチ発振の特性もまた, (6.28) と (6.29) のレート方程式で調べることができる. 通常発振のときには $y \lesssim y_s$ であって, (6.30) でわかるように y は 1 のオーダーの量である. しかし Q スイッチ発振では, 立上りのはじめを除けば $y \gg 1$ になるので, (6.28) で x_0-x の項は $2xy$ に比べて無視することができて

$$\frac{dx}{d\theta} = -2xy \tag{6.34}$$

$$\frac{dy}{d\theta} = -x_sy+xy \tag{6.29}$$

となる. この両式から, 規格化した出力 y と反転分布 x との時間的変化を数値

§6.5 Qスイッチ   119

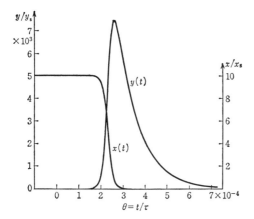

図 6.8 Qスイッチレーザーの規格化出力 $y(t)$ と反転分布 $x(t)$ の数値計算例. $x_s = 10^4$, $x_0 = 10 x_s = 10^5$ として，規格化光強度の初期値を $y(0) = 10^{-5} y_s$ とおいた場合である．(6.30) から $y_s = 4.5$, したがって $y(0) = 4.5 \times 10^{-5}$ となる．[計算は張吉夫氏による]

計算によって求めれば，例えば図 6.8 のようになる．

この図を見ると，はじめしきい値の 10 倍の大きな反転分布があるのでパルスが立ち上がり，パルスが立ち上がるにつれて反転分布が減少してパルスは最大値に達し，その後レーザー媒質の利得はほとんどなくなるのでパルスが減衰していくことがわかる．この例ではパルスの尖頭値は定常発振値の 7450 倍に達している．

このような波形は数値計算でなければ求められないが，x と y との関係は次のようにして解析的に表わすことができ，それから尖頭出力や出力エネルギーが求められる．(6.34) を書き換えた

$$\frac{dx}{x} = -2y\, d\theta$$

を積分し，はじめ $\theta = 0$ で $x = x_0$ とすれば

$$\ln \frac{x}{x_0} = -2 \int_0^\theta y\, d\theta \tag{6.35}$$

となる．(6.34) を用いて (6.29) を書き換えれば

$$dy = -x_s y\, d\theta - \frac{1}{2} dx$$

となるので，これを積分して (6.35) を代入すると

$$y = \frac{x_0 - x}{2} - \frac{x_s}{2} \ln \frac{x_0}{x} \tag{6.36}$$

が得られる．そこで，x と y との関係をグラフに描くと，図6.9のようになる．パラメーターは $t=\theta=0$ における規格化反転分布 x_0 である．

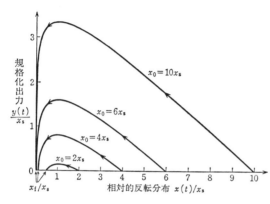

図6.9 Qスイッチレーザーにおける規格化出力 $y(t)/x_s$ と相対的反転分布 $x(t)/x_s$ との関係．パラメーターは反転分布の初期値 x_0．x_s は定常発振時の反転分布．

はじめ $x=x_0$ で，規格化出力 $y=0$ であるが，時間とともに出力 y は増大し，それにつれて反転分布 x が減少していく．x が減少して x_s になると，利得と損失がちょうど釣り合うので出力 y はそれ以上増加しないで，この最大値から次第に減少してついに0になる．このときの最終の反転分布 $\Delta N^{(f)}$ は

$$x_0 - x_f = x_s \ln \frac{x_0}{x_f} \tag{6.37}$$

を満足する x_f を用いて

$$\Delta N^{(f)} = \frac{x_f}{\hbar \omega \tau B(\omega)} \tag{6.38}$$

で与えられる．

パルスの始めから終りまでに誘導放出された光の全エネルギーは，$\frac{1}{2}\hbar\omega \cdot (\Delta N^{(0)} - \Delta N^{(f)})$ である．共振器の出力結合による減衰率を前と同様に κ_T で表わせば，共振器から取り出されるレーザー出力エネルギーは

$$W = \frac{\kappa_T}{\kappa} \cdot \frac{\hbar\omega}{2} (\Delta N^{(0)} - \Delta N^{(f)}) \tag{6.39}$$

で与えられる．

§6.5 Q スイッチ　121

次に出力パワーの最大値を求めるため，(6.36)を x について微分すると

$$\frac{\mathrm{d}y}{\mathrm{d}x} = -\frac{1}{2} + \frac{x_\mathrm{s}}{2x}$$

であるから，前述のように $x = x_\mathrm{s}$（しきい値）で y は最大値をとる．そこで，定常発振出力で規格化したパルス出力 y の尖頭値は

$$y_\mathrm{max} = \frac{x_0 - x_\mathrm{s}}{2} - \frac{x_\mathrm{s}}{2} \ln\frac{x_0}{x_\mathrm{s}} \tag{6.40}$$

となることがわかる．したがって Q スイッチ発振の尖頭出力は

$$P_\mathrm{max} = 2\kappa_T \frac{y_\mathrm{max}}{\tau B(\omega)}$$

$$= \hbar\omega\kappa_T \left(\varDelta N^{(0)} - \varDelta N_\mathrm{th} - \varDelta N_\mathrm{th} \ln\frac{\varDelta N^{(0)}}{\varDelta N_\mathrm{th}} \right) \tag{6.41}$$

で与えられる．

パルスエネルギーは尖頭出力と実効的パルス幅 $\varDelta t$ との積で表わされると考えれば

$$\varDelta t = \frac{W}{P_\mathrm{max}} = \frac{1}{2\kappa} \left(1 - \frac{1}{\mathcal{N}-1} \ln \mathcal{N} \right)^{-1} \tag{6.42}$$

となる．ただし

$$\mathcal{N} = \frac{x_0}{x_\mathrm{s}} = \frac{\varDelta N^{(0)}}{\varDelta N_\mathrm{th}}$$

は Q スイッチする直前の相対的励起を表わす．

Q スイッチ発振の特徴を理解するために，ここで各パラメーターの代表的な数値を示しておこう．ルビー，YAG, Nd ガラスなどの固体レーザーの上準位の寿命は，$\tau = 10^{-4} \sim 10^{-3}$ s 程度である．光共振器の損失が大きいときは，光は共振器の中を往復する時間の間に減衰するので，$t=0$ で Q スイッチする以前には $\kappa' \simeq 10^9$ s^{-1} である．そうすると，$t<0$ の間はしきい値 $2\kappa'\tau$ が大きな値になっているので，発振を起こすことなしにポンピングを続け，$\kappa\tau = 10^5 \sim 10^6$ と同程度まで反転分布 x_0 の値を増すことができる．$t=0$ で共振器の Q 値を急に高くして，$t>0$ では κ を 10^7 s^{-1} 以下にし，$t>0$ でのしきい値 $x_\mathrm{s} = 2\kappa\tau$ が x_0 の100分の1程度以下になるならば，$x_\mathrm{s} \ll x_0$ として数パーセント以下の誤差で，

122 第6章 レーザーの出力特性

(6.40)は

$$y_{\max} \approx \frac{x_0}{2}$$

と近似される.

したがってレーザー出力の尖頭値は(6.41)から

$$P_{\max} \approx \hbar \omega \kappa_T \Delta N^{(0)} \qquad (6.43)$$

と表わされる. x_f は x_s よりも小さく, x_0 は x_s の 100 倍程度であるから, $x_f \ll x_0$ の近似を用いれば, (6.39)から出力エネルギーは

$$W \approx \frac{\hbar \omega}{2} \cdot \frac{\kappa_T}{\kappa} \Delta N^{(0)} \qquad (6.44)$$

と書ける. そこで, 実効的パルス幅は

$$\Delta t \approx \frac{1}{2\kappa} \qquad (6.45)$$

となる.

定常発振では反転分布をしきい値よりもあまり大きくすることはできないので, たとえば $\Delta N^{(0)} \approx 2\Delta N_{\mathrm{th}}$ とすると, 出力パワーは(6.15)から

$$P_{\mathrm{out}} \approx \frac{\hbar \omega \kappa_T}{2\kappa\tau} \Delta N_{\mathrm{th}} \qquad (6.46)$$

となる. これに対して Q スイッチ発振では $\Delta N^{(0)}$ が ΔN_{th} の 100 倍程度になり, しかも前述のように $\tau=10^{-4} \sim 10^{-3}$ s, $\kappa=10^7 \mathrm{s}^{-1}$ とすると $\kappa\tau \approx 10^3 \sim 10^4$ になるので, Q スイッチ出力の尖頭値(6.43)は定常発振出力(6.46)の $10^4 \sim 10^5$ 倍に大きくなることがわかる. たとえば定常発振出力 1 kW のレーザーを Q スイッチ発振させれば, 尖頭値 10~100 MW のパルス出力が得られる.

反転分布 $\Delta N^{(0)}=10^{19} \mathrm{cm}^{-3}$ のとき, $\kappa_T=\kappa/2=5\times10^6 \mathrm{s}^{-1}$, $\hbar\omega=2\times10^{-19}$ J として(6.43)から尖頭出力を計算すると, $P_{\max}=10^7 \mathrm{W/cm^3}$ である. またパルス幅は, $\kappa=10^7 \mathrm{s}^{-1}$ とすると, (6.45)から $\Delta t=50$ ns となる. κ を $10^7 \mathrm{s}^{-1}$ より小さくすれば, それに反比例してパルス幅は広くなり, κ_T と κ の比を一定にしておけば出力エネルギーは変わらないで, 尖頭出力は κ に比例して小さくなる. κ を大きくすればパルス幅は狭くなり, 尖頭値は大きくなる. しかし κ を $10^7 \mathrm{s}^{-1}$

§6.5　Qスイッチ　123

より数倍に大きくし，パルス幅を 10 ns またはそれ以下にするときには，しきい値 $x_s = 2\kappa\tau$ が κ に比例して高くなるので，$x_s \ll x_0$ の近似が許されなくなって，尖頭出力も出力エネルギーもそれぞれ (6.43) と (6.44) で表わされる値より小さくなる．このために Q スイッチパルスの幅を狭くすることは 10 ns 程度が実際上の限度になっている．光の強度が時間的に急速に変わるときには，遷移確率や緩和速度が準定常的な値とは違ってくるので，レート方程式の基本的仮定が成り立たなくなるが，通常の固体レーザーでは 1 ns 以上の時間スケールではレート方程式近似が許されることが多い．半導体レーザーでは 10 ps 程度の時間変化までもレート方程式で近似できるだろう．しかし，より正しく論じるには半古典的理論 (第 9 章) を用いなければならない．

コヒーレント相互作用

第7章

　これまでは，原子の遷移確率とそれによって吸収または放出される光のエネルギーを主として取り扱ってきた．しかし，レーザー光の重要な特性であるコヒーレンスがどうして生じるか，またコヒーレントな光が原子に及ぼす作用はインコヒーレントな光の作用とどのように違うかを理解するためには，原子と光との間のコヒーレント相互作用を考えなければならない．

　原子がコヒーレントな光の中におかれると，光電場に対してある位相をもつ双極子モーメントが誘起される．そこで，多数の原子が共通の光電場と相互作用すると，各原子に誘起される双極子モーメントの位相の間には相関を生じる．このような原子の状態を，原子がコヒーレントであるという．**原子のコヒーレンス**(atomic coherence)も光のコヒーレンスと同じように，ほとんど完全にコヒーレントな状態から完全にインコヒーレントな状態まであり得る．この章ではまず，原子のコヒーレンスを悪くするような摂動がほとんどない場合の考察から始める．

§7.1　2準位原子とコヒーレントな光の相互作用

　ここでは原子は2つの固有状態だけをもち，したがってエネルギー準位は2つだけであるとする*．このような仮想的原子を**2準位原子**(two-level atom)という．その固有状態の波動関数を $\phi_1(r, t)$, $\phi_2(r, t)$ とし，固有エネルギーの値をそれぞれ W_1, $W_2 (> W_1)$ とする．原子のハミルトニアン(ハミルトン演算子)を $\mathcal{H}$ で表わせば，シュレーディンガー方程式は

---

　*　上下準位の固有状態は1つずつで縮重はないとする．

§7.1 2準位原子とコヒーレントな光の相互作用 125

$$ih\frac{\partial\psi}{\partial t} = \mathscr{H}\psi \tag{7.1}$$

である. そこで, 摂動がないときハミルトニアンを $\mathscr{H}=\mathscr{H}_0$ とすれば, $n=1, 2$ について(7.1)の解を

$$\phi_n(\boldsymbol{r}, t) = \phi_n(\boldsymbol{r})\,e^{-i(W_n/\hbar)t} \tag{7.2}$$

$$\mathscr{H}_0\phi_n(\boldsymbol{r}, t) = W_n\phi_n(\boldsymbol{r}, t) \tag{7.3}$$

と書くことができる. ここに $\phi_n(\boldsymbol{r})$ は時間を含まない空間関数である. 摂動を受けない2準位原子は, 2つの固有状態のどちらかの定常状態にあって, 固有エネルギー W_1 または W_2 をもち, 原子核のまわりの電子の分布が $|\phi_n(\boldsymbol{r}, t)|^2 = |\phi_n(\boldsymbol{r})|^2$ で与えられる.

ここでは, 原子と相互作用する光の波長は原子の大きさにくらべて長いとし, X線や γ 線は考えないことにする. そうすると, 光電場は1つの原子に対して空間的には一様で時間的には角周波数 ω で変わり, その大きさは

$$E(t) = |\mathscr{E}|\cos(\omega t+\theta) = \frac{1}{2}(\mathscr{E}\,e^{i\omega t}+\mathscr{E}^*\,e^{-i\omega t}) \tag{7.4}$$

と書ける. ここで $\mathscr{E}$ は複素振幅であって

$$\mathscr{E} = |\mathscr{E}|\,e^{i\theta}$$

である. コヒーレントな光では, $|\mathscr{E}|$ と θ が一定であるから, $\theta=0$ となるように時間の原点をとることもできる.

この章でも電気双極子遷移だけを考える. 光電場(偏光)の方向に z 軸をとり, この原子の電気双極子モーメントの z 成分演算子を μ_z とすれば, 摂動のハミルトニアンは

$$\mathscr{H}'(t) = -\mu_z E(t) = -\frac{1}{2}\mu_z(\mathscr{E}\,e^{i\omega t}+\text{c. c.}) \tag{7.5}$$

と表わされる. 一般に, 摂動を受けた原子の波動関数は固有状態の波動関数で展開して表わすことができるので, 2準位原子の任意の状態を記述する波動関数は

$$\psi(\boldsymbol{r}, t) = a_1(t)\phi_1(\boldsymbol{r}, t)+a_2(t)\phi_2(\boldsymbol{r}, t) \tag{7.6}$$

と書ける. $a_1(t)$ と $a_2(t)$ はそれぞれ固有状態1と2の確率振幅を表わし, 時間

126   第7章　コヒーレント相互作用

とともに比較的ゆっくりと変化する．$\mathscr{H} = \mathscr{H}_0 + \mathscr{H}'(t)$ と (7.6) とをシュレーディンガー方程式 (7.1) に代入すると

$$ i\hbar \left(\frac{\mathrm{d}a_1}{\mathrm{d}t} \phi_1 + a_1 \frac{\partial \phi_1}{\partial t} + \frac{\mathrm{d}a_2}{\mathrm{d}t} \phi_2 + a_2 \frac{\partial \phi_2}{\partial t} \right) = (\mathscr{H}_0 + \mathscr{H}')(a_1 \phi_1 + a_2 \phi_2) $$

(7.7)

となる．$\mathscr{H}'$ の行列要素を

$$ \mathscr{H}_{nm}' = \int \phi_n{}^* \mathscr{H}' \phi_m \, \mathrm{d}r $$

(7.8)

とすれば，§4.4 で詳しく述べたように μ_z の対角要素は 0 であるから，$\mathscr{H}_{11}' = 0$，$\mathscr{H}_{22}' = 0$ である．そこで (7.7) に $\phi_1{}^*$ をかけて空間積分すると

$$ i\hbar \frac{\mathrm{d}a_1}{\mathrm{d}t} = a_2 \mathscr{H}_{12}' \, \mathrm{e}^{-i\omega_0 t} $$

(7.9 a)

となる．ただし波動関数の直交関係

$$ \int \phi_1{}^* \phi_2 \, \mathrm{d}r = \int \phi_2{}^* \phi_1 \, \mathrm{d}r = 0 $$

を用いた．また ω_0 はこの 2 準位原子の**固有角周波数**であって，

$$ \omega_0 = \frac{W_2 - W_1}{\hbar} $$

を表わす．同様に，(7.7) に $\phi_2{}^*$ をかけて積分し

$$ i\hbar \frac{\mathrm{d}a_2}{\mathrm{d}t} = a_1 \mathscr{H}_{21}' \, \mathrm{e}^{i\omega_0 t} $$

(7.9 b)

が得られる．

電気双極子相互作用のハミルトニアン (7.5) の行列要素

$$ \mathscr{H}_{12}' = -\frac{1}{2} \mu_{12} (\mathscr{E} \, \mathrm{e}^{i\omega t} + \mathrm{c.\,c.}) $$
$$ \mathscr{H}_{21}' = -\frac{1}{2} \mu_{21} (\mathscr{E} \, \mathrm{e}^{i\omega t} + \mathrm{c.\,c.}) $$

(7.10)

をそれぞれ (7.9 a) と (7.9 b) に代入すれば

$$ \left. \begin{aligned} \frac{\mathrm{d}a_1}{\mathrm{d}t} &= \frac{i}{2\hbar} \mu_{12} a_2 (\mathscr{E} \, \mathrm{e}^{i\omega t} + \mathrm{c.\,c.}) \, \mathrm{e}^{-i\omega_0 t} \\ \frac{\mathrm{d}a_2}{\mathrm{d}t} &= \frac{i}{2\hbar} \mu_{21} a_1 (\mathscr{E} \, \mathrm{e}^{i\omega t} + \mathrm{c.\,c.}) \, \mathrm{e}^{i\omega_0 t} \end{aligned} \right\} $$

(7.11)

§7.1 2準位原子とコヒーレントな光の相互作用　127

となる. 右辺にある $\exp[\pm i(\omega+\omega_0)t]$ の項は急速に正負に変わるので, $1/\omega$ よりも長い時間スケールでは平均として0になるとみなすことができる. そして共鳴を表わす $\exp[\pm i(\omega-\omega_0)t]$ の項を残す近似を**回転波近似**(rotating-wave approximation)という. その意味は§7.5でわかるだろう. 回転波近似を使うと(7.11)は

$$\left.\begin{aligned}\frac{da_1}{dt} &= \frac{ix}{2}a_2\,e^{i(\omega-\omega_0)t}\\[1mm]\frac{da_2}{dt} &= \frac{ix^*}{2}a_1\,e^{-i(\omega-\omega_0)t}\end{aligned}\right\} \tag{7.12}$$

となる. ただし

$$x=\frac{\mu_{12}\mathcal{E}}{\hbar},\qquad x^*=\frac{\mu_{21}\mathcal{E}^*}{\hbar}$$

とおいた.

入射光がコヒーレントな光で x と ω が一定とみなされるときは, 上の連立微分方程式(7.12)は容易に解くことができる. すなわち, (7.12)の第1式を時間微分して第2式を代入すれば

$$\frac{d^2a_1}{dt^2}-i(\omega-\omega_0)\frac{da_1}{dt}+\frac{|x|^2}{4}a_1=0 \tag{7.13}$$

が得られる. この微分方程式の解は一般に

$$a_1(t)=(A_1\,e^{i\Omega t/2}+B_1\,e^{-i\Omega t/2})\,e^{i(\omega-\omega_0)t/2} \tag{7.14}$$

$$\Omega=\sqrt{(\omega-\omega_0)^2+|x|^2} \tag{7.15}$$

と表わされる. ただし A_1, B_1 は積分定数であって, 初期条件できまる.

そこで, 初め($t<0$ で)原子は上の準位2にあったとし, $t=0$ から(7.5)で与えられるコヒーレント相互作用を受けるとする. $t=0$ で $a_1=0, a_2=1$ を初期条件とすれば

$$A_1=-B_1=\frac{x}{2\Omega}$$

が得られるので, (7.14)と(7.12)から

$$a_1(t)=\frac{ix}{\Omega}\,e^{i(\omega-\omega_0)t/2}\sin\frac{\Omega t}{2} \tag{7.16}$$

$$a_2(t) = e^{-i(\omega-\omega_0)t/2}\left\{\cos\frac{\Omega t}{2} + i\frac{\omega-\omega_0}{\Omega}\sin\frac{\Omega t}{2}\right\} \qquad (7.17)$$

となる．原子は初め上の準位にあったから，$|a_1(t)|^2 = 1 - |a_2(t)|^2$ は，この原子が時間 $0 \sim t$ の間 (7.5) の摂動を受けたことによって，下の準位に遷移した確率を表わす．

$$|a_1(t)|^2 = \frac{|x|^2}{\Omega^2}\sin^2\frac{\Omega t}{2} \qquad (7.18)$$

であるから，**遷移確率**は時間とともに単調に増加するのではなく，図 7.1 に示すように増減を繰り返す．

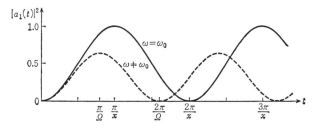

図 7.1 2 準位原子の遷移確率の時間的変化

図 7.1 または (7.18) でわかるように $t = 0 \sim \pi/\Omega$ では原子が光を放出し，$\pi/\Omega \sim 2\pi/\Omega$ では光を吸収し，その後も周期的に放出と吸収を繰り返す．これは，コヒーレント相互作用以外の摂動がまったくない場合であって，実際の原子では他の原子との衝突や自然放出などによる緩和があるので，図 7.1 の正弦波形は減衰振動波形になる．(7.15) の Ω を**章動角周波数**(nutation frequency) といい，$\omega = \omega_0$ の場合の Ω，すなわち $|x| = |\mu_{12}\mathcal{E}|/\hbar$ をラビの**特性角周波数**，略して**ラビ周波数** (Rabi frequency) という．

§7.2 誘起双極子モーメントと誘導放出係数

前述のように，縮重のない 2 準位原子は定常状態 ψ_1 または ψ_2 では双極子モーメントをもたないが，コヒーレント相互作用をうけると振動双極子モーメント $p(t)$ が誘起される．電子の電荷を e とし，光電場の方向に z 軸をとれば，

§7.2 誘起双極子モーメントと誘導放出係数　　129

$p(t)$ は ez の量子力学的期待値で与えられ

$$p(t) = \int \phi^*(\boldsymbol{r}, t) ez \phi(\boldsymbol{r}, t) \, \mathrm{d}\boldsymbol{r} \tag{7.19}$$

である．これに (7.6) と (4.34) を代入すれば

$$p(t) = a_2{}^* a_1 \mu_{21} \, \mathrm{e}^{i\omega_0 t} + a_1{}^* a_2 \mu_{12} \, \mathrm{e}^{-i\omega_0 t} \tag{7.20}$$

と表わされる．

　コヒーレント相互作用の摂動 (7.5) をうけている原子では，a_1 と a_2 が (7.16) と (7.17) で与えられるので，それらを代入すると

$$p(t) = \frac{ix}{2\Omega} \mu_{21} \left\{ \sin \Omega t - i \frac{\omega - \omega_0}{\Omega} (1 - \cos \Omega t) \right\} \mathrm{e}^{i\omega t} + \text{c.c.} \tag{7.21}$$

となる．(7.20) では，見かけ上 $p(t)$ は固有角周波数 ω_0 で振動しているように見えるが，a_1 と a_2 を代入してみると，実は入射光の角周波数 ω で振動する (7.21) になっている．

　$\omega \approx \omega_0$ とすれば，はじめのうち $t = 0 \sim \pi/\Omega$ では，誘起双極子モーメントは入射光の電場に対して $90°$ 位相が進んでいることが (7.21) からわかる．そうすると分極電流 $\partial p/\partial t$ は $180°$ 位相が進んでいて，電場と逆向きである．電場と逆向きに流れる電流は，等価的に**負抵抗**であって，電場から負のエネルギーを吸収，すなわち電場にエネルギーを与える．これが誘導放出のエネルギーである．双極子モーメント (7.21) が電場に与えるパワーは $\omega = \omega_0$ のとき，(7.21) と (7.4) から

$$P = -\overline{\frac{\partial p}{\partial t} E} = \frac{\hbar \omega |x|^2}{2\Omega} \sin \Omega t \tag{7.22}$$

となるが，これは誘導放出されるエネルギー $\hbar \omega |a_1(t)|^2$ の時間微分を (7.18) から計算したものと等しくなっている．$\omega \neq \omega_0$ でもこの関係，すなわち 2 準位原子が失ったエネルギーと原子の誘起双極子モーメントが光電場に対してした仕事とが一般に等しいことがわかる．

　次に，上に述べた考察を基にして，インコヒーレントな入射光による誘導放出や吸収を考えてみよう．原子がインコヒーレントな摂動をうけたときの波動関数も (7.6) の形に ϕ_1 と ϕ_2 の線形重ね合わせで表わされる．しかし，このと

130　第7章　コヒーレント相互作用

きには確率振幅 a_1 と a_2 の位相は不確定であるから，1つの原子について $p(t)$ は瞬間的には値をもっているが，多数の原子についての集合平均，または長い時間の平均をとると0になる．しかし $|p(t)|^2$ の平均値は0にならないから，インコヒーレントな光に対しても誘導遷移の確率は0にならない．このように考えると，コヒーレント相互作用の計算結果を使ってアインシュタインの B 係数を求めることができる．

　入射光が弱いときには，$\mathscr{E}$ したがって x が小さいので，遷移確率を与える (7.18) は $\omega=\omega_0$ のごく近くでだけ大きな値をもつ．初めに下の準位にあった原子が光を吸収する確率も (7.18) と等しくなることはもちろんである．インコヒーレントな光は連続的スペクトル分布をもち，角周波数 ω のフーリエ成分を $e(\omega)$ とすると，$e(\omega)$ の統計平均は消えるが $|e(\omega)|^2$ の平均は残り，その値は ω が ω_0 の近くでは ω によらないとみなされる．そこで

$$\left\langle \left| \frac{\mu_{12}e(\omega)}{\hbar} \right|^2 \right\rangle_{\mathrm{av}} = x_{\mathrm{eff}}^2 \tag{7.23}$$

とすれば，このフーリエ成分に対する誘導遷移の確率は，(7.18) で $x \to 0$ とおいて $|x|^2$ を x_{eff}^2 に代え，

$$|a(\omega,t)|^2 = \left\{ \frac{\sin(\omega-\omega_0)t/2}{\omega-\omega_0} \right\}^2 x_{\mathrm{eff}}^2$$

となる．時間 $0\sim t$ の間に2準位原子が誘導遷移する確率は上式を積分し

$$\int_0^\infty |a(\omega,t)|^2 \, \mathrm{d}\omega = \frac{\pi}{2} x_{\mathrm{eff}}^2 t \tag{7.24}$$

となる．

　角周波数が ω と $\omega+\mathrm{d}\omega$ の間の光の電場が $e(\omega)$ であるから，その光のエネルギーは単位体積あたり

$$\frac{1}{2} \varepsilon_0 |e(\omega)|^2$$

である．そこで光のエネルギー密度の統計平均は

$$\rho(\omega) = \frac{\varepsilon_0 \hbar^2}{2|\mu_{12}|^2} x_{\mathrm{eff}}^2 \tag{7.25}$$

と表わされる．角周波数が ω と $\omega+d\omega$ の間の光に対する誘導遷移の確率 (7.24) は，**誘導放出係数**を B とすると，$B\rho(\omega)t$ と書かれるので，(7.24) と (7.25) から

$$\frac{\pi}{2}x_{\mathrm{eff}}{}^2 t = B\frac{\varepsilon_0\hbar^2}{2|\mu_{12}|^2}x_{\mathrm{eff}}{}^2 t$$

$$\therefore \quad B = \frac{\pi}{\varepsilon_0\hbar^2}|\mu_{12}|^2 \tag{7.26}$$

が得られる．これは §4.4 で求めた (4.36) と同等である．

上の計算では，双極子モーメントの z 成分（光電場方向の成分）を μ とした．しかし各原子の双極子モーメントの方向がランダムで等方的に分布するとき，原子の双極子モーメントの行列要素を μ_{a} とすると，$\langle|\mu_{12}|^2\rangle = \dfrac{|\mu_{\mathrm{a}}|^2}{3}$ であるから，

$$B = \frac{\pi}{3\varepsilon_0\hbar^2}|\mu_{\mathrm{a}}|^2 \tag{7.27}$$

となる．これは気体に直線偏光が入射したときの誘導放出係数を考えたことになる．原子の双極子モーメントの方向がそろっていても，入射光の偏光が定まらない，いわゆる自然光の場合には，同様に誘導放出係数は (7.27) で与えられる．入射光の偏光と原子の方向の両方とも定まらないときも同じである．

§7.3 密度行列

原子や分子の集団と光との相互作用を知るには，個々の原子や分子のふるまいを調べて，その集団平均 (ensamble average) を求めればよい．しかし，この方法で計算することはあまりにも複雑で，数学的困難に出会うことが多い．たとえば，気体分子の間の衝突のような統計的現象の効果を簡単に取り扱うことができない．ところで入射光に対する媒質のレスポンスや励起媒質からの発光などは，誘起双極子モーメント，遷移確率あるいは原子分布で記述されるが，これらは 2 準位原子では $|a_1|^2,\ a_1 a_2{}^*,\ a_2 a_1{}^*,\ |a_2|^2$ で表わされ，確率振幅が単独には現われない．そこで次のようにして定義される**密度行列** (density matrix) を用いると，いろいろな計算が簡単になることが多く，また物理過程がわかり易くなる．

132　第7章　コヒーレント相互作用

　一般に，ある原子の波動関数 $\phi(\boldsymbol{r}, t)$ は固有状態の波動関数 $\phi_n(\boldsymbol{r}, t)$ で展開することができて

$$\phi(\boldsymbol{r}, t) = \sum_n a_n(t)\phi_n(\boldsymbol{r}, t) \tag{7.28}$$

と表わされる．時間関数を除いた空間的波動関数 $\phi_n(\boldsymbol{r})$ を用いれば

$$\phi(\boldsymbol{r}, t) = \sum_n c_n(t)\phi_n(\boldsymbol{r}) \tag{7.29}$$

と書ける．ただし，(4.31) からすぐわかるように

$$c_n(t) = a_n(t)\,\mathrm{e}^{-i(W_n/\hbar)t} \tag{7.30}$$

である．これを用いて，密度行列 ρ の行列要素を

$$\rho_{nm} = c_n c_m{}^* \tag{7.31 a}$$

または

$$\rho_{nm} = a_n a_m{}^* \exp\left(i\frac{W_m - W_n}{\hbar}t\right) \tag{7.31 b}$$

で定義する．

　(7.31) からわかるように

$$\rho_{nm} = \rho_{mn}{}^* \tag{7.32}$$

であるから，密度行列 ρ はエルミート行列である．また，波動関数の規格化条件は

$$\sum_n |a_n|^2 = \sum_n |c_n|^2 = 1$$

であるから，密度行列について書くと

$$\mathrm{Tr}\,\rho = \sum_n \rho_{nn} = 1 \tag{7.33}$$

となる．Tr は行列要素の対角和 (trace) を表わす記号である．

　密度行列を使うと，任意の物理量の演算子 A の期待値

$$\langle A \rangle = \int \phi^*(\boldsymbol{r}, t)A\phi(\boldsymbol{r}, t)\,\mathrm{d}\boldsymbol{r} = \sum_n \sum_m c_n c_m{}^* A_{mn}$$

は

$$\langle A \rangle = \mathrm{Tr}\,(\rho A) \tag{7.34}$$

で与えられる．なぜなら $\sum_m \rho_{nm}A_{mn} = (\rho A)_{nn}$ だからである．

§7.3 密度行列　133

§7.1で論じた2準位原子の密度行列を書いてみると

$$\rho = \begin{bmatrix} |a_1|^2 & a_1 a_2^* \, \mathrm{e}^{i\omega_0 t} \\ a_2 a_1^* \, \mathrm{e}^{-i\omega_0 t} & |a_2|^2 \end{bmatrix}$$

となるから，確かに対角要素が原子数の分布(確率)を表わし，非対角要素が複素双極子モーメントを表わしている．また，(7.34)を用いて双極子演算子

$$\begin{pmatrix} \mu_{11} & \mu_{12} \\ \mu_{21} & \mu_{22} \end{pmatrix}$$

の期待値を計算すれば，(7.20)が得られる．

以上では，原子が量子力学的純粋状態(pure state)にあって波動関数 $\psi(\boldsymbol{r}, t)$ が確定している場合，すなわち，確率振幅 $a_n(t)$ がわかっている場合の密度行列を説明した．しかし密度行列は，原子集団の中の個々の原子の波動関数がわからないで，統計平均だけしかわかっていないような混合状態(mixed state)についても使うことができる．混合状態では個々の原子の確率振幅が不確定であるから，個々の原子の密度行列は不確定であるが，その集団平均 $\langle\rho\rangle_{\mathrm{av}}$ は連続的に変化するきまった関数と考えることができる．集団平均の密度行列を使うと，その原子集団の，ある物理量演算子の期待値は(7.34)と同じ形の

$$\langle A \rangle_{\mathrm{av}} = \mathrm{Tr}(\langle\rho\rangle_{\mathrm{av}} A) \tag{7.35}$$

で与えられることが次のようにしてわかる．

混合状態にある各原子の確率振幅 $a_n(t)$ は統計的にしかわからないから，その波動関数が，ある純粋状態

$$\psi^{(j)} = \sum_n a_n^{(j)} \psi_n$$

を統計的にとる確率を $p^{(j)}$ とするとき，$p^{(j)}$ はわかっている．そうすると，集団平均の密度行列 $\langle\rho\rangle_{\mathrm{av}}$ の行列要素は

$$\begin{aligned} (\langle\rho\rangle_{\mathrm{av}})_{nm} = \langle c_n c_m^* \rangle_{\mathrm{av}} &= \sum_j p^{(j)} c_n^{(j)} c_m^{(j)*} \\ &= \sum_j p^{(j)} a_n^{(j)} a_m^{(j)*} \, \mathrm{e}^{-i\omega_{nm}t} \end{aligned} \tag{7.36}$$

である．ただし $\hbar\omega_{nm} = W_n - W_m$ は2つの固有エネルギーの差を表わす．演算子 A の期待値の統計的平均は

134 第7章 コヒーレント相互作用

$$\langle A \rangle_{\text{av}} = \sum_j p^{(j)} \int \phi^{(j)*} A \phi^{(j)} \, d\boldsymbol{r}$$

であるから上述の式を用いて書き換えてみると，

$$\langle A \rangle_{\text{av}} = \sum_j p^{(j)} \sum_n \sum_m c_n^{(j)} c_m^{(j)*} A_{mn}$$

$$= \sum_j p^{(j)} \sum_n \sum_m \rho_{nm} A_{mn} = \sum_n \sum_m (\sum_j p^{(j)} \rho_{nm}) A_{mn}$$

$$= \sum_n \sum_m (\langle \rho \rangle_{\text{av}})_{nm} A_{mn} = \text{Tr} (\langle \rho \rangle_{\text{av}} A)$$

となるから(7.35)が成り立つ．

§7.4 密度行列の運動方程式

密度行列の時間的変化を記述する方程式は，シュレーディンガー方程式 (7.1)から求められる．摂動 $\mathscr{H}'$ を含むハミルトニアンを $\mathscr{H}=\mathscr{H}_0+\mathscr{H}'$ とすれば，§7.1で2準位原子について計算したのと同様に，(7.29)を(7.1)に代入して c_n の時間変化を求めると，一般に

$$i\hbar \frac{dc_n}{dt} = \sum_k c_k \mathscr{H}_{nk} \tag{7.37}$$

が得られる．

密度行列の時間変化を求めるため，行列要素(7.31 a)を微分すると

$$\frac{d\rho_{nm}}{dt} = \frac{dc_n}{dt} c_m^* + c_n \frac{dc_m^*}{dt}$$

となる．これに(7.37)とその複素共役を代入すれば，$\mathscr{H}_{nk}^* = \mathscr{H}_{kn}$ であるから

$$i\hbar \frac{d\rho_{nm}}{dt} = \sum_k c_k \mathscr{H}_{nk} c_m^* - c_n \sum_k c_k^* \mathscr{H}_{km}$$

$$= \sum_k (\mathscr{H}_{nk} \rho_{km} - \rho_{nk} \mathscr{H}_{km}) \tag{7.38}$$

となる．そこで交換子(commutator)の記号を用いると

$$[\mathscr{H}, \rho] = \mathscr{H}\rho - \rho\mathscr{H}$$

と表わされるので，(7.38)は

$$i\hbar \frac{d\rho}{dt} = [\mathscr{H}, \rho] \tag{7.39}$$

と書ける．これを通常，**密度行列の運動方程式**という．摂動のないハミルトニ

アン $\mathcal{H}_0$ に対する固有値を W_n として (7.3) を用いると, (7.38) は

$$i\hbar\frac{\mathrm{d}\rho_{nm}}{\mathrm{d}t} = W_n\rho_{nm} - W_m\rho_{nm} + \sum_k (\mathcal{H}_{nk}{}'\rho_{km} - \rho_{nk}\mathcal{H}_{km}{}')$$

または

$$\frac{\mathrm{d}\rho_{nm}}{\mathrm{d}t} = -i\omega_{nm}\rho_{nm} - \frac{i}{\hbar}\sum_k (\mathcal{H}_{nk}{}'\rho_{km} - \rho_{nk}\mathcal{H}_{km}{}') \tag{7.40}$$

となる. この式はいろいろの問題を解くのにしばしば用いられる.

密度行列を使うことの利点は, 混合状態の場合にも, 純粋状態の場合と同じ運動方程式 (7.39) が使えることである. 多粒子系の問題では, 個々の粒子の波動関数がわからなくても密度行列の統計的平均は確定していることが多い. それを用いれば, 純粋状態の場合と同じようにいろいろの物理量を計算することができる. そこで混合状態の密度行列を特に $\langle\rho\rangle_{\mathrm{av}}$ と書かないで, 純粋状態でも混合状態でも ρ で表わしても支障は生じないので, 単に ρ と書くことにする.

§7.1 ではコヒーレント相互作用の摂動だけを受けている 2 準位原子のふるまいを調べた. 多数の 2 準位原子の集団では, 原子間の相互作用だけでなく, 自然放出のほか, 媒質を構成する原子との相互作用 (不純物や容器の壁, 固体では母体結晶, 溶液では溶媒などとの相互作用) がインコヒーレントに, すなわち入射波の位相とはほとんど無関係に起こる. これらのインコヒーレントな摂動で各原子の波動関数がどのように変わっていくかをそれぞれの原子について追うことは, 実際問題として不可能である. しかし密度行列で取り扱えば, これらの緩和や減衰の効果をいわば現象論的に近似して理論の中に取り入れるのが容易である. レーザーに関する現象では, 2 準位原子の近似が許される場合が多いので, 話を具体的にわかりやすくするために, ここでは 2 準位原子の密度行列について述べる. しかし, それを多準位系の取扱いに拡張することは容易である.

2 準位原子が一般に摂動 $\mathcal{H}'$ を受けるとき, $\hbar\omega_0 = W_2 - W_1$ とすると, (7.40) に従って 2 行 2 列の密度行列の運動方程式を行列要素について書くと

$$\frac{\mathrm{d}\rho_{11}}{\mathrm{d}t} = \frac{i}{\hbar}(\rho_{12}\mathcal{H}_{21}{}' - \mathrm{c.c.}) \tag{7.41}$$

136　第7章　コヒーレント相互作用

$$\frac{\mathrm{d}\rho_{12}}{\mathrm{d}t} = i\omega_0\rho_{12} - \frac{i}{\hbar}(\rho_{22}-\rho_{11})\mathcal{H}_{12}' \tag{7.42}$$

となる．残りの行列要素は $\rho_{21}=\rho_{12}{}^*$, $\rho_{22}=1-\rho_{11}$ であるから上の2式で表わされる．ρ_{11} と ρ_{22} は原子の存在確率を表わし，双極子モーメント (7.20) は

$$\langle p(t)\rangle_{\mathrm{av}} = \rho_{12}\mu_{21}+\text{c. c.} \tag{7.43}$$

で表わされる．そこで ρ_{12} は複素双極子モーメントの相対値，あるいは規格化双極子モーメントということができよう．

　媒質中の2準位原子の作る分極は，体積 V の中に n 個 $(n \gg 1)$ の原子があるとき，k 番目の原子がもつ双極子モーメントを $\boldsymbol{p}_k$ とすれば

$$\boldsymbol{P} = \frac{1}{V}\sum_{k=1}^{n}\boldsymbol{p}_k = N\langle\boldsymbol{p}\rangle \tag{7.44}$$

である．ただし $N=n/V$ は単位体積内の原子数，$\langle\boldsymbol{p}\rangle$ は双極子モーメントの集団平均を表わす．また，原子数の反転分布は，反転分布密度 $\varDelta\rho=\rho_{22}-\rho_{11}$ を用いれば

$$\varDelta N = (\rho_{22}-\rho_{11})N = N\varDelta\rho$$

と表わされる．

　(7.41) から $\varDelta\rho$ の時間変化は

$$\frac{\mathrm{d}}{\mathrm{d}t}\varDelta\rho = -\frac{2i}{\hbar}(\rho_{12}\mathcal{H}_{21}'-\text{c. c.})$$

となる．ここで2準位原子に対する摂動を，レーザー光によるコヒーレントな摂動と，励起や緩和のインコヒーレントな摂動とに分けて，今後コヒーレントな摂動だけを $\mathcal{H}'$ で表わし，インコヒーレントな摂動は励起率 $\varGamma_{\mathrm{ex}}$ と緩和時間 τ とで表わされるものと考える．そうすると上式の代わりに

$$\frac{\mathrm{d}}{\mathrm{d}t}\varDelta\rho = \varGamma_{\mathrm{ex}} - \frac{\varDelta\rho}{\tau} - \frac{2i}{\hbar}(\rho_{12}\mathcal{H}_{21}'-\text{c. c.}) \tag{7.45}$$

が得られる．これは現象論的には正しいと思われる式であるが，微視的に見ると時間のスケールが励起や緩和の素過程の時間 (気体では分子間衝突の時間間隔) にくらべて長い場合に妥当となる近似である．しかしレーザー理論では，ほとんどすべての場合に上式を基礎方程式の1つとして採用して差し支えない．

§7.4 密度行列の運動方程式　137

　ところで励起には，光照射や電子衝撃などによって反転分布を作る**ポンピン**
グ(pumping, 原子を下の準位から上の準位へ汲み上げるという意味)と，熱的
擾乱で反転分布を減らす作用の**熱的脱励起**(thermal deexcitation)とがある．
ポンピングの時間的レートをΓ_p，熱的脱励起をΓ'で表わすと

$$\Gamma_{\mathrm{ex}} = \Gamma_p - \Gamma'$$

と書ける．

　いま，ポンピングもレーザー光もなくて$\Gamma_p = \mathscr{H}' = 0$のときの2準位の分布
密度を$\rho_{11}{}^{(T)}$, $\rho_{22}{}^{(T)}$とすれば，(7.45)から

$$\Gamma' = -\frac{\Delta\rho^{(T)}}{\tau} = \frac{1}{\tau}(\rho_{11}{}^{(T)} - \rho_{22}{}^{(T)}) \tag{7.46}$$

である*．このときにはボルツマン分布をしているはずであるから，温度をT
とすれば

$$\rho_{22}{}^{(T)} = \rho_{11}{}^{(T)}\,\mathrm{e}^{-\hbar\omega_0/k_{\mathrm{B}}T}$$

である．これを(7.46)に代入すれば

$$-\Delta\rho^{(T)} = \tau\Gamma' = \tanh\left(\frac{\hbar\omega_0}{2k_{\mathrm{B}}T}\right)$$

が得られる．長波長の遷移に対しては$\hbar\omega_0 \ll k_{\mathrm{B}}T$だから，通常$\tau\Gamma' \approx 0$とみな
してよい．しかし，一般にΓ'したがって$\Delta\rho^{(T)}$ (<0)の項を含めると(7.45)は

$$\frac{\mathrm{d}}{\mathrm{d}t}\Delta\rho = \Gamma_p - \frac{\Delta\rho - \Delta\rho^{(T)}}{\tau} - \frac{2i}{\hbar}(\rho_{12}\mathscr{H}_{21}' - \mathrm{c.\,c.}) \tag{7.47}$$

と書くことができる．

　さらによく使われる式では，ポンピングの時間的レートΓ_pの代わりに，ポ
ンピングされた2準位原子がレーザー光の摂動を受けないでいるときの反転分
布$\Delta\rho^{(0)}$を用いる．$\Gamma_p \neq 0$, $\mathscr{H}' = 0$のときの(7.45)から

$$\Delta\rho^{(0)} = \tau\Gamma_{\mathrm{ex}} = \tau\Gamma_p - \tau\Gamma'$$

であるから，(7.46)を用いると

$$\Delta\rho^{(0)} = \tau\Gamma_p + \Delta\rho^{(T)}$$

である．したがって一般に$\mathscr{H}' \neq 0$のときの(7.45)または(7.47)は

　＊　上つきの(T)は温度Tでの熱平衡を意味する．

138 第7章 コヒーレント相互作用

$$\frac{\mathrm{d}}{\mathrm{d}t}\Delta\rho = -\frac{\Delta\rho-\Delta\rho^{(0)}}{\tau} - \frac{2i}{\hbar}(\rho_{12}\mathscr{H}_{21}'-\mathrm{c.\,c.}) \tag{7.48}$$

と書き表わすこともできる.

次に, 分極すなわち原子の双極子モーメントの集団平均の緩和時間を $1/\gamma$ とすれば, (7.42)を書き改めて

$$\frac{\mathrm{d}}{\mathrm{d}t}\rho_{12} = (i\omega_0-\gamma)\rho_{12} - \frac{i}{\hbar}(\rho_{22}-\rho_{11})\mathscr{H}_{12}' \tag{7.49}$$

と表わされる. τ と $1/\gamma$ とは等しくないのが普通である.

磁気共鳴の用語に従って, τ を**縦緩和時間**(longitudinal relaxation time), $1/\gamma$ を**横緩和時間**(transversal relaxation time)という. 磁気共鳴ではそれぞれ T_1, T_2 で表わすのが慣例であるが, ここでは準位を表わす記号と紛らわしいので τ と $1/\gamma$ を用いる. また, $1/\tau$ を**縦緩和定数**(longitudinal relaxation constant), γ を**横緩和定数**(transversal relaxation constant)という.

§7.5 光学的ブロッホ方程式

コヒーレント相互作用の問題では, 緩和がないとき(または緩和をミクロな素過程から扱うとき)には, 確率振幅の式(7.9 a)と(7.9 b)を用い, 現象論的に緩和定数を入れるときには密度行列の運動方程式(7.49)と(7.45)または(7.48)とを用いて, 具体的な摂動と初期条件に対する解を求めることができる. しかし, マイクロ波やラジオ波の磁気共鳴でよく研究されている磁気モーメントの歳差運動(precession)や章動(nutation)などとの対応をつけておくと, 光領域のコヒーレント相互作用を, 回転するベクトルモデルで幾何学的に表わすことができ, 直観的理解に役立つ. これは1957年にファインマンら(Feynman, Vernon, Hellworth)が考えた方法である. 下記のように変換すると, 2準位原子と光電場との電気双極子コヒーレント相互作用が, 磁場の中にある磁気モーメントを記述する**ブロッホ方程式**(Bloch equation)の形に表わされる. そこで, これを光学的ブロッホ方程式とよぶようになった.

7.5.1 仮想空間への変換

物理的な実在の空間 (x, y, z) とは別に仮想的な 3 次元空間 (X, Y, Z) における ベクトル $\vec{\rho}$ を考え，その仮想空間の 3 成分を

$$
\left.
\begin{aligned}
\rho_X &\equiv \rho_{12} + \rho_{21} = 2\,\mathrm{Re}\,(\rho_{12}) \\
\rho_Y &\equiv \frac{1}{i}(\rho_{12} - \rho_{21}) = 2\,\mathrm{Im}\,(\rho_{12}) \\
\rho_Z &\equiv \rho_{22} - \rho_{11} = \mathit{\Delta}\rho
\end{aligned}
\right\}
\tag{7.50}
$$

で定義する．このベクトル $\vec{\rho} = (\rho_X, \rho_Y, \rho_Z)$ を用いると，(7.42) と (7.41) は

$$
\frac{\mathrm{d}}{\mathrm{d}t}\rho_X = -\omega_0\rho_Y + \frac{1}{i\hbar}(\mathcal{H}_{12}{}' - \mathcal{H}_{21}{}')\rho_Z
\tag{7.51 a}
$$

$$
\frac{\mathrm{d}}{\mathrm{d}t}\rho_Y = \omega_0\rho_X - \frac{1}{\hbar}(\mathcal{H}_{12}{}' + \mathcal{H}_{21}{}')\rho_Z
\tag{7.51 b}
$$

$$
\frac{\mathrm{d}}{\mathrm{d}t}\rho_Z = -\frac{1}{i\hbar}(\mathcal{H}_{12}{}' - \mathcal{H}_{21}{}')\rho_X + \frac{1}{\hbar}(\mathcal{H}_{12}{}' + \mathcal{H}_{21}{}')\rho_Y
\tag{7.51 c}
$$

と表わされる．そこで，この仮想的空間における 3 成分が

$$
\left.
\begin{aligned}
F_X &= \frac{1}{\hbar}(\mathcal{H}_{12}{}' + \mathcal{H}_{21}{}') \\
F_Y &= \frac{1}{i\hbar}(\mathcal{H}_{12}{}' - \mathcal{H}_{21}{}') \\
F_Z &= \omega_0
\end{aligned}
\right\}
\tag{7.52}
$$

となる仮想的な力 $\boldsymbol{F} = (F_X, F_Y, F_Z)$ を用いると，(7.51 a〜c) は簡単に

$$
\frac{\mathrm{d}\vec{\rho}}{\mathrm{d}t} = \boldsymbol{F} \times \vec{\rho}
\tag{7.53}
$$

と書き表わされる．これは磁気モーメントが磁場の中におかれたときの運動方程式，または回転するこまが外力を受けたときの運動方程式とまったく同じ形をしている．

まず初めに，摂動がないときの $\vec{\rho}$ の運動を調べておこう．$\mathcal{H}' = 0$ のとき (7.52) の F_X と F_Y が 0 になるから，(7.51 c) または (7.53) で $\mathrm{d}\rho_z/\mathrm{d}t = 0$ となり $\vec{\rho}$ の Z 成分は一定となる．そして XY 面内では図 7.2 に示すように，角速度 ω_0 で回転する．これは，こまや磁気モーメントの歳差運動に相当する．2 準位原子

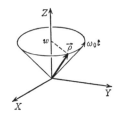

図7.2 光学的ブロッホベクトルの歳差運動

の ω_0 は，こまでは重力，磁気モーメントでは静磁場に相当する．

一般に摂動がある場合，実空間 (x, y, z) における磁気共鳴と仮想空間 (X, Y, Z) における2準位原子とは，上述のように H_z に ω_0 が対応し，摂動磁場の x および y 成分にそれぞれ $\mathcal{H}_{12}'$ の実部と虚部が対応する．すなわち光電場による摂動 $\mathcal{H}_{12}'$ は XY 面内で交流理論の複素表示になっている．(7.4)で表わされるコヒーレントな光電場 $E(t)$ の摂動は

$$\mathcal{H}_{12}' = -\mu_{12}E(t) = -\frac{1}{2}\mu_{12}(\mathcal{E}\,e^{i\omega t} + \mathcal{E}^*\,e^{-i\omega t}) \tag{7.54}$$

であるから，これを XY 面で複素表示すると，$e^{i\omega t}$ の項は左まわりの回転波，$e^{-i\omega t}$ の項は右まわりの回転波になる．したがって $\omega \approx \omega_0$ ならば，Z 軸のまわりを角速度 ω_0 で歳差運動する $\vec{\rho}$ に対して前者は共鳴し，後者は逆向きにすれ違ってまわるので共鳴しない．§7.1 で(7.12)の近似を回転波近似とよぶのは，$\vec{\rho}$ の XY 面内の回転と同じ向きに回転する摂動だけを残す近似だからである．

7.5.2 回転座標系での表示

回転波近似の概念は，Z 軸のまわりに角速度 ω で回転する座標系 (X', Y', Z') に変換してみると，一層明らかである(図7.3)．ラーモア(Larmor)の定理に

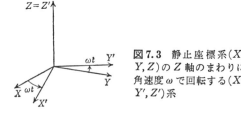

図7.3 静止座標系 (X, Y, Z) の Z 軸のまわりに角速度 ω で回転する (X', Y', Z') 系

よれば，回転座標系での時間微分 $\partial/\partial t$ と静止座標系での時間微分 d/dt との間には

$$\frac{\partial \vec{\rho}}{\partial t} = \frac{d\vec{\rho}}{dt} - \vec{\omega} \times \vec{\rho} \tag{7.55}$$

の関係がある．ただしベクトル $\vec{\omega}$ の成分は $(0,0,\omega)$ である．そこで(7.53)を回転座標系で表わすと

$$\frac{\partial \vec{\rho}}{\partial t} = (\boldsymbol{F} - \vec{\omega}) \times \vec{\rho} \tag{7.56}$$

となる．$\boldsymbol{F} - \vec{\omega}$ の Z 成分は $\omega_0 - \omega$ であり，X, Y 成分は静止座標系での(7.52)と同じでそれぞれ $2\,\mathrm{Re}\,\mathcal{H}_{12}{}'/\hbar$, $2\,\mathrm{Im}\,\mathcal{H}_{12}{}'/\hbar$ である．そこで $\omega = \omega_0$ のとき回転座標系では(7.54)の第1項は座標系に対して静止した複素ベクトル，第2項は -2ω で回転する複素ベクトルになる．

回転波近似で(7.54)の第2項を無視すると，$\mathcal{H}_{12}{}' = -\frac{1}{2}\mu_{12}\mathcal{E}\,e^{i\omega t}$ を回転座標系でみたとき $\mathcal{H}_{12}{}' = -\frac{1}{2}\mu_{12}\mathcal{E}$ であるから

$$F_{X'} = \frac{2}{\hbar}\,\mathrm{Re}\,\mathcal{H}_{12}{}' = -\frac{1}{\hbar}\,\mathrm{Re}\,\mu_{12}\mathcal{E} \tag{7.57a}$$

$$F_{Y'} = \frac{2}{\hbar}\,\mathrm{Im}\,\mathcal{H}_{12}{}' = -\frac{1}{\hbar}\,\mathrm{Im}\,\mu_{12}\mathcal{E} \tag{7.57b}$$

となる．したがって，図7.4に示すように $\boldsymbol{F}$ または $\boldsymbol{F} - \vec{\omega}$ の $X'Y'$ 面への射影を表わす複素ベクトルの絶対値は $-|\mu_{12}\mathcal{E}|/\hbar$ であり，偏角 θ は(7.4)にある入射波の位相 θ を表わしている．

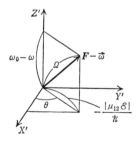

図7.4 回転座標系で摂動を表わすベクトル

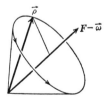

図7.5 摂動を表わすベクトル $\boldsymbol{F} - \vec{\omega}$ のまわりのブロッホベクトル $\vec{\rho}$ の運動

$\vec{\rho}$ の運動を回転座標系で見ると，(7.56)が示すように，$\vec{\rho}$ はベクトル $\boldsymbol{F}-\vec{\omega}$ を軸として，角速度 $|\boldsymbol{F}-\vec{\omega}|$ で図7.5に示すようにゆっくりと首ふり運動をする．静止座標系で見たときの Z 軸のまわりの高速度 ω の歳差運動と区別するため，これを**章動** (nutation) という．すなわち，摂動があると，静止座標系で見たときは歳差運動に章動が重なる．章動の角周波数は図7.4からすぐ分かるように

$$|\boldsymbol{F}-\vec{\omega}| = \sqrt{\left|\frac{\mu_{12}\mathcal{E}}{\hbar}\right|^2 + (\omega_0-\omega)^2} \tag{7.58}$$

であって，これは§7.1で述べた(7.15)の章動角周波数 Ω に他ならない．とくに共鳴周波数 $\omega=\omega_0$ で摂動の初期位相 θ が0のときには，$\vec{\rho}$ は $Y'Z'$ 面内を角速度 $\Omega=-|\mu_{12}\mathcal{E}|/\hbar$ で回転し，図7.6でわかるように反転分布が正弦波状に変化し，それより90°位相が遅れて誘起双極子モーメントが変化する．摂動の初期位相が0なら $\mu_{12}\mathcal{E}$ は X' 方向 ($\boldsymbol{F}-\vec{\omega}$ は $-X'$ 方向) であるから，静止座標系で見たとき $+\omega$ で回転する複素ベクトル $\mathcal{E}$ に対して，$\rho_{r'}$ で与えられる双極子モーメント p は90°位相が進んでいる．これは反転分布の2準位原子に初めに生じる誘起双極子モーメントが(7.21)のように表わされることを図解している．

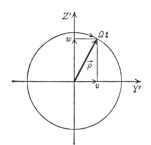

図7.6 共鳴周波数 ($\omega=\omega_0$) の摂動によるブロッホベクトルの運動

回転座標系における $\vec{\rho}$ の運動方程式をベクトルの成分について求めよう．$\vec{\rho}$ の X', Y', Z' 成分をそれぞれ u, v, w とすれば*，$Z=Z'$ 軸のまわりで X', Y' 軸は X, Y 軸に対して角速度 ω で回転しているから

$$\left.\begin{array}{l}(u+iv)\mathrm{e}^{i\omega t} = \rho_X + i\rho_Y = 2\rho_{12} \\ w = \rho_Z\end{array}\right\} \tag{7.59}$$

---

* $\vec{\rho}=(u,v,w)$ の代わりに $\boldsymbol{r}=(r_1,r_2,r_3)$ が使われることもある．

§7.5 光学的ブロッホ方程式 143

である．これらの時間微分は

$$\frac{\mathrm{d}u}{\mathrm{d}t}-\omega v+i\Big(\frac{\mathrm{d}v}{\mathrm{d}t}+\omega u\Big)=\Big(\frac{\mathrm{d}}{\mathrm{d}t}\rho_x+i\frac{\mathrm{d}}{\mathrm{d}t}\rho_r\Big)e^{-i\omega t}$$

$$\frac{\mathrm{d}w}{\mathrm{d}t}=\frac{\mathrm{d}}{\mathrm{d}t}\rho_z$$

となるから，(7.54)の摂動があるとき，§7.1で用いたように，$x\equiv\mu_{12}\mathcal{E}/\hbar$ とすると，(7.42)を用いて

$$\frac{\mathrm{d}u}{\mathrm{d}t}=-(\omega_0-\omega)v-(\mathrm{Im}\,x)w \tag{7.60 a}$$

$$\frac{\mathrm{d}v}{\mathrm{d}t}=(\omega_0-\omega)u+(\mathrm{Re}\,x)w \tag{7.60 b}$$

$$\frac{\mathrm{d}w}{\mathrm{d}t}=(\mathrm{Im}\,x)u-(\mathrm{Re}\,x)v \tag{7.60 c}$$

となる．これはもちろん(7.56)と同等である．

7.5.3 縦緩和と横緩和を表わす項

これまでは緩和がない場合のブロッホ方程式と，その幾何学的表示を説明した．緩和がある場合には，次に示すような項を現象論的に付加することによって緩和効果を論じることができる．§7.4と同じように，縦緩和定数を $1/\tau$，横緩和定数を γ とすれば，w の緩和レートは $1/\tau$，u と v の緩和レートが γ になるので，(7.60)に緩和項を加えると

$$\frac{\mathrm{d}u}{\mathrm{d}t}=-\gamma u-(\omega_0-\omega)v-(\mathrm{Im}\,x)w \tag{7.61 a}$$

$$\frac{\mathrm{d}v}{\mathrm{d}t}=(\omega_0-\omega)u-\gamma v+(\mathrm{Re}\,x)w \tag{7.61 b}$$

$$\frac{\mathrm{d}w}{\mathrm{d}t}=(\mathrm{Im}\,x)u-(\mathrm{Re}\,x)v-\frac{w-w^{(0)}}{\tau} \tag{7.61 c}$$

となる．ただし，$w^{(0)}=\Gamma_{\mathrm{ex}}\tau$ は摂動がないときの反転分布($\mathcal{E}=0$ で $t=\infty$ のときの w)である．なお，入射波の位相を θ とすれば，$\mathrm{Re}\,x=|x|\cos\theta$，$\mathrm{Im}\,x=|x|\sin\theta$ である．

縦と横の緩和時間が等しくないときには，$\bar{\rho}$ の運動方程式をベクトルの形で取り扱うよりは，上述のように成分で取り扱う方が多くの場合に便利である．

しかし，仮想空間の回転座標系(X', Y', Z')の単位ベクトルを$\boldsymbol{i}, \boldsymbol{j}, \boldsymbol{k}$として$\vec{\rho}$の運動方程式(7.56)に緩和項を加えれば，(7.61 a～c)をまとめて

$$\frac{d\vec{\rho}}{dt} = (\boldsymbol{F}-\vec{\omega})\times\vec{\rho} - \gamma u \boldsymbol{i} - \gamma v \boldsymbol{j} - \frac{w-w^{(0)}}{\tau}\boldsymbol{k} \qquad (7.62)$$

と表わすことができる．

縦緩和がZ方向の緩和を表わし，横緩和がZ軸に垂直な方向の緩和を表わすことは，(7.61)または(7.62)から明らかであろう．もしも縦緩和定数が$\tau^{-1}=0$で横緩和定数が有限ならば$\vec{\rho}$は静止座標系(X, Y, Z)で見たとき図7.7(a)に示すように運動し，もしも$\gamma=0$でτ^{-1}が有限ならば図7.7(b)のように運動することになる．

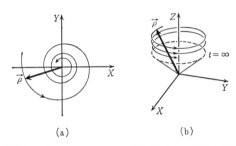

図7.7　ブロッホベクトルの横緩和(a)と縦緩和(b)

非線形コヒーレント効果

_____ 第 **8** 章

　通常の光学現象では，媒質の吸収定数や屈折率は光の強さによらないで一定
である．しかし，前章で述べたことからわかるように，レーザー光と物質との
コヒーレント相互作用の効果は光の強さに対して非線形であり，また時間的に
も一定でない．入射光が弱いときには，媒質の分極 P は光電場 E に比例し，
線形であるが，一般に強い入射光に対しては非線形になる．分極 P が電場 E
に比例しないと，感受率 χ は一定ではなく，したがって吸収定数や屈折率も一
定でない．そのため，普通の線形光学現象にはないいろいろの非線形光学現象
が現われる.

　光が強いほど非線形光学効果が著しいといっても，非線形現象が現われるか
どうかは光のパワーやエネルギーだけではきまらない．普通の光では，100 W
以上のパワーを入れても非線形光学効果がほとんど起こらないのに，レーザー
光では 1 mW 以下でも著しい非線形光学効果を観測することができる．パル
スレーザーでは，1 nJ 以下のエネルギーでも，共鳴的コヒーレント相互作用は
著しく非線形になることがある.

　非線形光学効果には，飽和吸収，光高調波発生，光混合など多種多様の現象
があるが，ここでは基礎的なコヒーレント相互作用の非線形効果について主に
述べる.

§8.1　飽和効果

　§4.6 では，物質の複素感受率と吸収定数とを入射光が弱い場合について求
めた．第7章では2準位原子(分子)と単色入射光とのコヒーレント相互作用を

146　第8章　非線形コヒーレント効果

任意の振幅に対して計算した.　得られた誘起双極子モーメント(7.21)は入射光の振幅に比例する x が Ω の中にも含まれ,非線形である.　この章では,均一な2準位原子から成る媒質の非線形吸収定数を前章の結果を用いて求める.

　媒質の中にある多数の2準位原子の一部は上の準位にあり,その他は下の準位にある.　そこで(7.4)で表わされるようなコヒーレントな入射光があると,上の準位にある原子は誘導放出し,下の準位にある原子は誘導吸収して,それぞれ反対の準位に移る.　時間が0から t まで入射光と相互作用した原子が誘導遷移した割合は,いずれも(7.18)で与えられる.　いま原子の緩和を考えると,入射光は一定で無限に続いていても,光と原子がコヒーレントに相互作用する時間は有限である.

　たとえば気体中の分子は,一度他の分子と衝突した直後は上または下の準位にあって,その後入射光の摂動を受けるが,次に他の分子に衝突すると入射光とのコヒーレント相互作用が打ち切られる.　分子間の衝突はランダム(random)であって, t と $t+dt$ の間に衝突が起こる確率は常に $\gamma\,dt$ であるとしよう.そうすると,前回の衝突から次回の衝突までコヒーレント相互作用する時間が t と $t+dt$ との間にある確率は

$$w(t)\,dt = \gamma\,e^{-\gamma t}\,dt \tag{8.1}$$

で与えられる.　衝突の直後には,各分子は統計的に熱平衡状態をとるとするならば,この相互作用時間の平均が縦横同じ緩和時間 $\tau = 1/\gamma$ である.

　したがって,ある衝突の直後に上の準位に存在した原子(分子)が次の衝突までの間に下の準位に移っている平均確率は,

$$\langle |a_1(t)|^2 \rangle_{\mathrm{av}} = \int_0^\infty w(t)|a_1(t)|^2\,dt$$

で与えられる.　これに(7.18)と(8.1)を代入して計算すると

$$\langle |a_1(t)|^2 \rangle_{\mathrm{av}} = \frac{|x|^2}{2(\Omega^2+\gamma^2)} \tag{8.2}$$

が得られる.　これを平均相互作用時間 $\tau = 1/\gamma$ で割れば,単位時間あたりの遷移確率 $p(2\to1)$ になる.　また,下の準位にあった原子が入射光を吸収して上の

準位に移る単位時間あたりの遷移確率 $p(1\to2)$ も同じで，

$$p(1\to2) = p(2\to1) = \frac{\gamma|x|^2}{2(\Omega^2+\gamma^2)} \tag{8.3}$$

と表わされる．

いま，媒質の単位体積内にある下準位の原子数が $N_1{}^{(0)}$，上準位の原子数が $N_2{}^{(0)}$ であるとすると，光が入射したとき下準位の原子が吸収する光パワー，すなわち単位時間あたりに吸収する光のエネルギーは $N_1{}^{(0)}\hbar\omega p(1\to2)$ であり，上準位の原子が誘導放出する光パワーは $N_2{}^{(0)}\hbar\omega p(2\to1)$ である．(8.3) を用いると，この媒質の単位体積で吸収される正味の光パワーは

$$\Delta P = (N_1{}^{(0)}-N_2{}^{(0)})\frac{\hbar\omega\gamma|x|^2}{2(\Omega^2+\gamma^2)} \tag{8.4}$$

となる．入射光のパワー密度（単位面積の入射光パワー）は，入射光電場の振幅を (7.4) で示すように $\mathscr{E}$ とすると

$$P = \frac{\varepsilon_0|\mathscr{E}|^2}{2}c \tag{8.5}$$

である*．また，振幅吸収定数を α とすれば，単位体積で吸収されるパワーは

$$\Delta P = 2\alpha P \tag{8.6}$$

であるから，(8.4)～(8.6) と $\Omega^2=(\omega_0-\omega)^2+|x|^2$ を用いると

$$\alpha = \frac{(N_1{}^{(0)}-N_2{}^{(0)})\omega\gamma|\mu_{12}|^2}{2\varepsilon_0\hbar c\{(\omega_0-\omega)^2+\gamma^2+|x|^2\}} \tag{8.7}$$

と表わされる．光領域では，多くの場合 $N_2{}^{(0)}\ll N_1{}^{(0)}$ になっているが，$N_2{}^{(0)}$ が小さくない場合もある．

ここでは，媒質の中の 2 準位原子の共鳴角周波数はすべて等しく ω_0 である（均一）と仮定している．このときの吸収定数 (8.7) を角周波数の関数として図示すると，図 8.1 のようになる．パラメーターは入射光の強さであるが，入射光が強くても弱くても均一スペクトル線の形はローレンツ形である．その半値半幅を次節の不均一幅に対して**均一幅**（homogeneous width）とよび，(8.7) に

---

* 電気エネルギー密度が $\frac{1}{2}\varepsilon_0|E(t)|^2=\frac{1}{4}\varepsilon_0|\mathscr{E}|^2$ で，磁気エネルギー密度も同じ大きさだから，両者を合わせると $\frac{1}{2}\varepsilon_0|\mathscr{E}|^2$ になる．

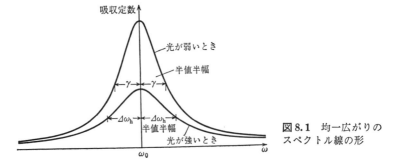

図 8.1 均一広がりのスペクトル線の形

よれば

$$\varDelta\omega_h = \sqrt{\gamma^2+|x|^2} \tag{8.8}$$

となる. 入射光が強くなると図 8.2 に示すように線幅が広がる. これを**飽和による広がり**(saturation broadening)という.

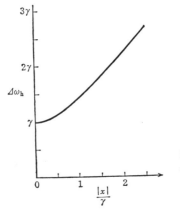

図 8.2 飽和による均一幅の広がり. $\varDelta\omega_h$ は半値半幅, $x=\mu_{12}\mathcal{E}/\hbar$.

また, 一定の周波数で光を強くしていくとき, 光が弱い間は光の強さに比例して吸収パワーが増すが, 光が強くなるにつれて吸収定数は次第に小さくなって, 吸収パワー $\varDelta P$ は図 8.3 に示すように一定の飽和値 $\varDelta P_s$ に近づく. このように吸収パワーが入射光パワーに比例しない場合を**飽和吸収**(saturated absorption)または**非線形吸収**(nonlinear absorption)という. 入射光パワー密度 P の関数として振幅吸収定数を表わすと,

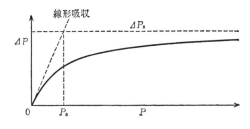

図8.3 入射光パワーによる吸収パワーの飽和特性. P_s は飽和パワー, ΔP_s は吸収パワー飽和値.

$$\alpha(P) = \frac{\alpha(0)}{1+P/P_s} \tag{8.9}$$

と書ける. ただし $\alpha(0)$ は $P=0$ のときの振幅吸収定数すなわち線形吸収定数であって, 中心周波数 $\omega=\omega_0$ では

$$\alpha(0) = (N_1^{(0)} - N_2^{(0)}) \frac{\omega|\mu_{12}|^2}{2\varepsilon_0 \hbar c \gamma} \tag{8.10}$$

である. これは(4.42)に $\Delta\omega=\gamma$ のときの(4.43)を代入し, $\frac{1}{3}|\mu_{\mathrm{UL}}|^2=|\mu_{12}|^2$ とおいたものに等しい. また(8.9)に用いた P_s を**飽和パワー***(saturation power) または**飽和パラメーター**(saturation parameter)といい,

$$P_s = \frac{\varepsilon_0 \hbar^2 c \gamma^2}{2|\mu_{12}|^2} \tag{8.11}$$

である. 人によっては, 吸収パワーの飽和値 ΔP_s を飽和パワーということもある. (8.9)と(8.6)からわかるように, $\Delta P_s = 2\alpha(0)P_s$ の関係がある.

§8.2 飽和吸収による原子数分布の変化

吸収定数の式(8.7)は, 入射光が弱いときの原子数分布の差 $N_1^{(0)} - N_2^{(0)}$ に比例する形に表わされているが, 飽和吸収が起こっているときには, N_1 が $N_1^{(0)}$ より減って, その分だけ N_2 が $N_2^{(0)}$ より増大している. 平均遷移確率(8.2)を用いて N_1 と N_2 を求めると

$$\left. \begin{array}{l} N_1 = N_1^{(0)} - (N_1^{(0)} - N_2^{(0)}) \dfrac{|x|^2}{2(\Omega^2+\gamma^2)} \\[2mm] N_2 = N_2^{(0)} + (N_1^{(0)} - N_2^{(0)}) \dfrac{|x|^2}{2(\Omega^2+\gamma^2)} \end{array} \right\} \tag{8.12}$$

---

* 厳密にいうと飽和パワー密度.

150　第8章　非線形コヒーレント効果

であるから，原子数分布の差は

$$N_1 - N_2 = (N_1^{(0)} - N_2^{(0)})\left(1 - \frac{|x|^2}{\Omega^2 + \gamma^2}\right)$$

$$= (N_1^{(0)} - N_2^{(0)})\frac{(\omega_0 - \omega)^2 + \gamma^2}{(\omega_0 - \omega)^2 + \gamma^2 + |x|^2} \qquad (8.13)$$

となる．これは飽和吸収の結果というよりは原因であると考えることができる．すなわち，強い入射光に対して吸収定数が小さくなるのは，原子数分布の差が小さくなるからである．

なぜなら，パワー吸収定数 2α は吸収断面積を σ としたとき (4.45) に示したように

$$2\alpha = (N_1 - N_2)\sigma$$

と表わされるが，入射光が強くなっても次に示すように σ は一定で，$N_1 - N_2$ が減少しているからである．(8.13) を用いると，飽和吸収を表わす (8.7) に相当する吸収断面積は

$$\sigma = \frac{\omega\gamma|\mu_{12}|^2}{\varepsilon_0 \hbar c \{(\omega_0 - \omega)^2 + \gamma^2\}} \qquad (8.14)$$

であって，$|x|^2$ にはよらない．

これまでのところでは，純粋の2準位原子の吸収を考えて縦横の緩和時間が等しいとしてきたが，実際の物質による光の吸収では，遷移に関与する上下の2準位 (2と1) だけでなくて，基底状態その他の準位が存在する．そうすると，準位 1,2 へ励起された原子はこれらの各準位に統計的に遷移し，その確率は等しくないから $N_1 + N_2$ は保存しない．しかしこのような場合も2準位原子に準じて考え，準位 1 の緩和定数 γ_1 と準位 2 の緩和定数 γ_2 と異なるものを用いて，緩和過程を現象論的にレート方程式で記述するという近似がしばしば用いられる．このような準2準位原子のレート方程式は

$$\left.\begin{aligned}
\frac{\mathrm{d}N_1}{\mathrm{d}t} &= -\gamma_1(N_1 - N_1^{(0)}) - (N_1 - N_2)I\sigma \\
\frac{\mathrm{d}N_2}{\mathrm{d}t} &= -\gamma_2(N_2 - N_2^{(0)}) + (N_1 - N_2)I\sigma
\end{aligned}\right\} \qquad (8.15)$$

と書ける. ただし吸収断面積 σ は (8.14) の γ を

$$\gamma = \frac{1}{2}(\gamma_1 + \gamma_2) \tag{8.16}$$

とおいたもの* であり, I は入射光子束である. 入射光パワー密度 P または $|x|^2$ で I を表わすと

$$I = \frac{P}{\hbar\omega} = \frac{\varepsilon_0 \hbar c}{2\omega |\mu_{12}|^2} |x|^2 \tag{8.17}$$

となる.

さて, 一定の強さの光が入射しているときの定常状態では (8.15) は 0 になるから

$$\left.\begin{aligned} N_1 &= N_1^{(0)} - \frac{\gamma_2(N_1^{(0)} - N_2^{(0)})I\sigma}{\gamma_1\gamma_2 + (\gamma_1+\gamma_2)I\sigma} \\ N_2 &= N_2^{(0)} + \frac{\gamma_1(N_1^{(0)} - N_2^{(0)})I\sigma}{\gamma_1\gamma_2 + (\gamma_1+\gamma_2)I\sigma} \end{aligned}\right\} \tag{8.18}$$

が得られる. (8.14) と (8.17) から

$$I\sigma = \frac{|x|^2}{2} \cdot \frac{\gamma}{(\omega_0-\omega)^2 + \gamma^2} \tag{8.19}$$

である. そこで縦緩和時間を

$$\tau = \frac{1}{2}\left(\frac{1}{\gamma_1} + \frac{1}{\gamma_2}\right) \tag{8.20}$$

とおいて (8.18) を書き換えると

$$\left.\begin{aligned} N_1 &= N_1^{(0)} - \frac{\gamma}{2\gamma_1} \cdot \frac{(N_1^{(0)} - N_2^{(0)})|x|^2}{(\omega_0-\omega)^2 + \gamma^2 + \gamma\tau|x|^2} \\ N_2 &= N_2^{(0)} + \frac{\gamma}{2\gamma_2} \cdot \frac{(N_1^{(0)} - N_2^{(0)})|x|^2}{(\omega_0-\omega)^2 + \gamma^2 + \gamma\tau|x|^2} \end{aligned}\right\} \tag{8.21}$$

---

* これは, 上下準位のエネルギーの不確定がそれぞれ $\frac{1}{2}\hbar\gamma_2$, $\frac{1}{2}\hbar\gamma_1$ であって, 両準位間の遷移の線幅が $\frac{1}{2}\gamma_2$ と $\frac{1}{2}\gamma_1$ の和になると考えてよい. ローレンツ形のスペクトルでは

$$\frac{1}{\pi^2}\int_{-\infty}^{\infty} \frac{a}{(x-y)^2+a^2} \cdot \frac{b}{(y-x_0)^2+b^2}\,\mathrm{d}y = \frac{1}{\pi} \cdot \frac{a+b}{(x-x_0)^2+(a+b)^2}$$

となるので, 2 つの広がり a と b の合成が $a+b$ になる. しかし他の形のスペクトルでは, このように単純な和にならない.

152   第8章　非線形コヒーレント効果

となる．したがって分布数の差は

$$N_1 - N_2 = (N_1^{(0)} - N_2^{(0)})\left\{1 - \frac{\gamma\tau|x|^2}{(\omega_0-\omega)^2+\gamma^2+\gamma\tau|x|^2}\right\} \quad (8.22)$$

となる．$\gamma_1 = \gamma_2$ のとき $\gamma\tau = 1$ であるから，上式は (8.13) と同じになる．準2準位原子で γ_1 と γ_2 が異なるときは，N_1 の減少分と N_2 の増加分は等しくない．

このときのパワー吸収定数 $2\alpha = (N_1-N_2)\sigma$ は (8.14) と (8.22) から

$$2\alpha = \frac{N_1^{(0)} - N_2^{(0)}}{\varepsilon_0\hbar c}\cdot\frac{\omega\gamma|\mu_{12}|^2}{(\omega_0-\omega)^2+\gamma^2+\gamma\tau|x|^2} \quad (8.23)$$

になる．この式は $\gamma\tau = 1$ のときは，前の計算値 (8.7) に一致する．$\gamma\tau \neq 1$ のときは，飽和パワーの式は，(8.11) の代わりに

$$P_\mathrm{s} = \frac{\varepsilon_0\hbar^2 c\gamma}{2|\mu_{12}|^2\tau} \quad (8.24)$$

となる．また，飽和光子束を I_s とすれば，$I_\mathrm{s} = P_\mathrm{s}/\hbar\omega$ は

$$I_\mathrm{s} = \frac{1}{2\sigma\tau} \quad (8.25)$$

となって，飽和吸収定数と線形吸収定数との関係 (8.9) は

$$\alpha(I) = \frac{\alpha(0)}{1+I/I_\mathrm{s}}$$

と表わすことができる．

反転分布 ΔN をもつ媒質の利得定数も同じように飽和する．入射光が弱く，飽和していないときの利得定数を $G(0)$ とすれば，入射パワー P または入射光子束 I で飽和しているときの利得定数は

$$G(P) = \frac{G(0)}{1+P/P_\mathrm{s}} = \frac{G(0)}{1+I/I_\mathrm{s}} \quad (8.26)$$

と書ける．上式の P_s および I_s は (8.24) および (8.25) と変わらない．$G(P)$ を飽和利得定数，$G(0)$ を小信号利得定数 (small-signal gain constant) という．

§8.3　非線形複素感受率

さらにまた，集団平均の密度行列を用いて2準位原子の飽和吸収を調べることもできる．それによって，非線形吸収だけでなく非線形分散をも表わす複素

§8.3 非線形複素感受率　153

感受率を求めておこう.

定常状態の光の吸収を考えると, (7.61)の各式は0になるから

$$
\left.
\begin{aligned}
\gamma u + (\omega_0 - \omega)v + (\mathrm{Im}\,x)w &= 0 \\
(\omega_0 - \omega)u - \gamma v + (\mathrm{Re}\,x)w &= 0 \\
(\mathrm{Im}\,x)u - (\mathrm{Re}\,x)v - (w - w^{(0)})/\tau &= 0
\end{aligned}
\right\}
\tag{8.27}
$$

である. この連立方程式を解けば

$$
u = \frac{-(\omega_0 - \omega)\,\mathrm{Re}\,x - \gamma\,\mathrm{Im}\,x}{(\omega_0 - \omega)^2 + \gamma^2 + \gamma\tau|x|^2} w^{(0)}
\tag{8.28 a}
$$

$$
v = \frac{\gamma\,\mathrm{Re}\,x - (\omega_0 - \omega)\,\mathrm{Im}\,x}{(\omega_0 - \omega)^2 + \gamma^2 + \gamma\tau|x|^2} w^{(0)}
\tag{8.28 b}
$$

$$
w = \frac{(\omega_0 - \omega)^2 + \gamma^2}{(\omega_0 - \omega)^2 + \gamma^2 + \gamma\tau|x|^2} w^{(0)}
\tag{8.28 c}
$$

が得られる.

2準位原子の誘起双極子モーメントは(7.43)で与えられるので, それに(7.59)を代入すれば

$$
\langle p(t) \rangle_{\mathrm{av}} = \frac{1}{2}(u + iv)\,e^{i\omega t}\mu_{21} + \mathrm{c.\,c.}
$$

となる. そこで, 媒質の単位体積内にある2準位原子の数を N とすれば, 巨視的分極は

$$
P(t) = \frac{1}{2}N\mu_{21}(u + iv)\,e^{i\omega t} + \mathrm{c.\,c.}
\tag{8.29}
$$

で与えられる. (8.28 a, b)から

$$
u + iv = \frac{(-\omega_0 + \omega + i\gamma)x}{(\omega_0 - \omega)^2 + \gamma^2 + \gamma\tau|x|^2} w^{(0)}
$$

となるので, $x = \mu_{12}\mathcal{E}/\hbar$ を用いると, $\mu_{21}\mu_{12} = |\mu_{12}|^2$ だから

$$
P(t) = \frac{Nw^{(0)}}{2\hbar} \cdot \frac{-\omega_0 + \omega + i\gamma}{(\omega_0 - \omega)^2 + \gamma^2 + \gamma\tau|x|^2} |\mu_{12}|^2\mathcal{E}\,e^{i\omega t} + \mathrm{c.\,c.}
\tag{8.30}
$$

と表わされる.

入射光の電場(7.4)は

$$
E(t) = \frac{1}{2}\mathcal{E}\,e^{i\omega t} + \mathrm{c.\,c.}
$$

154 第8章 非線形コヒーレント効果

であるから，飽和吸収の非線形感受率は

$$\chi = \chi' - i\chi'' = \frac{N_1^{(0)} - N_2^{(0)}}{\varepsilon_0 \hbar} |\mu_{12}|^2 \frac{\omega_0 - \omega - i\gamma}{(\omega_0 - \omega)^2 + \gamma^2 + \gamma\tau|x|^2} \qquad (8.31)$$

と表わされる．ただし $w = \rho_z = \rho_{22} - \rho_{11}$ は反転分布であるから，吸収体では負の値をとり，

$$Nw^{(0)} = -(N_1^{(0)} - N_2^{(0)})$$

とおいた．

複素感受率を用いると，$|\chi'| \ll 1$ ならばパワー吸収定数は

$$2\alpha = \frac{\omega}{c}\chi'' \qquad (8.32)$$

で与えられる．(8.31)の虚部が $-\chi''$ であるから，それを代入すれば，(8.23)と完全に一致する結果が得られる．

また，(8.31)の実部は非線形分散を表わし

$$\chi' = \frac{N_1^{(0)} - N_2^{(0)}}{\varepsilon_0 \hbar} |\mu_{12}|^2 \frac{\omega_0 - \omega}{(\omega_0 - \omega)^2 + \gamma^2 + \gamma\tau|x|^2} \qquad (8.33)$$

である．$|\chi'| \ll 1$ のとき，非線形屈折率は

$$\eta' \simeq \sqrt{1+\chi'} \simeq 1 + \frac{1}{2}\chi'$$

で与えられる．

§8.4 不均一広がり

前節では，媒質中の2準位原子の共鳴周波数はすべて同じであるとしたが，実際の媒質では，各原子の位置や向きによって共鳴周波数が多少異なっている．また，気体では分子の運動速度がそれぞれ異なり，それぞれの分子運動のドップラー効果によって共鳴周波数がずれる．このように，媒質中の各原子（分子）が入射光に共鳴する周波数が均一でないときには，それに応じて媒質のスペクトル線の幅が広くなる．これを不均一広がり (inhomogeneous broadening) という．結晶内原子の共鳴周波数の分布や，媒質の組成や外部磁場の不均一などによる共鳴周波数の不均一分布は，一般的には論じられない．

§8.4 不均一広がり　155

8.4.1 ドップラー広がり

気体では分子の運動速度が一般にマクスウェル・ボルツマン分布(Maxwell-Boltzmann distribution)をしているので，ドップラー効果でスペクトル線がガウス形の広がりをもつようになる．これを**ドップラー広がり**(Doppler broadening)という．

分子運動でドップラー効果を生じるのは，主として入射光方向の速度成分である．2次のドップラー効果は入射光に対する分子運動の方向によらないが，その相対的な大きさは 10^{-12} 程度なので，超高精度を問題にしない限り無視することができる．そこで，光の進行方向の速度成分を v とすれば，角周波数 ω の入射光をこの分子が受けてみる角周波数 ω' はドップラー効果のためにずれて

$$\omega' = \omega - kv \tag{8.34}$$

になる．ただし $k = \omega/c$ は波長定数を表わす．分子の2つの固有エネルギーの差を $\hbar\omega_0 = W_2 - W_1$ とすれば，共鳴は $\omega = \omega_0$ ではなくて $\omega' = \omega_0$ で起こるので，入射光の角周波数が

$$\omega = \omega_0 + kv \tag{8.35}$$

で共鳴する．分子運動の速度成分 v は一般に正負に分布しているので，それに対応してスペクトル線が不均一に広がる．

気体分子の速度分布がマクスウェル・ボルツマン分布をとるとき，その速度成分が v と $v + \mathrm{d}v$ との間にある分子数は

$$N(v)\,\mathrm{d}v = \frac{N}{\sqrt{\pi}\,u}\,\mathrm{e}^{-v^2/u^2}\,\mathrm{d}v \tag{8.36}$$

で与えられる．ただし u は，速度の大きさすなわち速さの分布が最大となる速さであって最確速度(most probable velocity)とよばれ，気体の温度を T，分子の質量を M，ボルツマン定数を k_B とすれば，

$$u = \sqrt{\frac{2k_\mathrm{B}T}{M}} \tag{8.37}$$

である．

このとき，スペクトルの共鳴周波数の分布は，(8.35)から得られる速度成分

156   第8章　非線形コヒーレント効果

$v = (\omega - \omega_0)/k$ を(8.36)に代入し

$$g(\omega) = \frac{1}{\sqrt{\pi}\,ku} \exp\left[-\left(\frac{\omega - \omega_0}{ku}\right)^2\right] \tag{8.38}$$

となる．これはガウス形(§4.5 参照)であって，その半値半幅は

$$\Delta\omega_\mathrm{D} = \sqrt{\ln 2}\,ku = 0.833\,ku \tag{8.39}$$

である．これを**ドップラー幅**(またはドップラー半幅)という．固体のスペクトル線などで，不均一広がりの原因がドップラー効果でない場合でも，不均一に広がった線の形が近似的にガウス形になるときは，以下の計算を近似的に適用することができる．

　気体のスペクトル線について説明すると，均一広がりが小さければスペクトル線の形はほぼドップラー広がりだけで決まるから，線の形はドップラー幅をもつガウス形になる．しかし実際にスペクトル線が観測されるためには遷移確率があまり小さくてはならないし，分子数もあまり少なくすることができないから分子間の衝突がある．これらのために緩和時間は有限であって，均一幅が0にならない．なお，準位の自然寿命による均一幅を**自然幅**(natural width)，分子間衝突による均一幅を**衝突幅**(collisional width)という．衝突幅はほぼ気体の圧力に比例するので，**圧力広がり**(pressure broadening)ということもある．飽和による広がりも均一広がりである．

　一般には，これらの原因による均一広がりとドップラー広がりとが同時に存在するので，スペクトル線は図8.4に示すように広がり，その半値半幅HWHMは均一幅 $\Delta\omega_\mathrm{h}$ とドップラー幅 $\Delta\omega_\mathrm{D}$ のどちらよりも広くなる*．また，このときの線幅は両者の和 $\Delta\omega_\mathrm{h} + \Delta\omega_\mathrm{D}$ でもなく，図8.4に示すように，それより狭くなる．

---

　*　分子が放出または吸収する光の位相が衝突の際にほとんど変わらなければ，スペクトル線の幅はドップラー幅よりも狭くなる．この例外的な効果は Dicke narrowing とよばれている．通常はこれと反対に，分子間衝突によって分子のエネルギー準位は変わらないでも，光の位相が変わることが多い．そうすると，縦緩和時間は長くても横緩和時間は短くなる．このような場合も，γ と τ がそれぞれ(8.16)と(8.20)とは異なるパラメーターであると考えて，前節の計算を適用することができる．

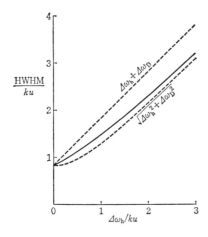

図 8.4 ドップラー広がりと均一広がりがあるときのスペクトル線の半値半幅（実線）．$\Delta\omega_h$ は均一幅，$\Delta\omega_D = 0.833 ku$ はドップラー幅．

8.4.2 ドップラー広がりがあるときの非線形感受率

均一広がりと不均一広がりが共存するときの線の形は，両者のたたみこみ積分（convolution）によって与えられる．吸収線や放出線の形だけでなく，分散特性をも求めるために，非線形複素感受率(8.31)にドップラー効果を入れて計算しよう．(8.31)の共鳴周波数 ω_0 は，ドップラー効果のあるとき $\omega_0 + kv$ になり，速度成分 v の分布が(8.36)で表わされるので，ドップラー広がりがあるときの非線形複素感受率は

$$\chi_D = \frac{N_1^{(0)} - N_2^{(0)}}{\sqrt{\pi}\,\varepsilon_0 \hbar u} |\mu_{12}|^2 \int_{-\infty}^{\infty} \frac{(\omega_0 + kv - \omega - i\gamma)\,\mathrm{e}^{-v^2/u^2}\,\mathrm{d}v}{(\omega_0 + kv - \omega)^2 + \gamma^2 + \gamma\tau|x|^2} \quad (8.40)$$

と表わされる．χ_D の実部 χ_D' は分散を表わし，虚部を $-\chi_D''$ とすると，パワー吸収定数は(8.32)から $k\chi_D''$ で与えられる．そこで，ドップラー広がりと均一広がりがあるときのパワー吸収定数 $2\alpha_D$ は，入射光の周波数および振幅の関数として次式で表わされる．

$$2\alpha_D = \frac{N_1^{(0)} - N_2^{(0)}}{\sqrt{\pi}\,\varepsilon_0 \hbar u} |\mu_{12}|^2 k\gamma \int_{-\infty}^{\infty} \frac{\mathrm{e}^{-v^2/u^2}\,\mathrm{d}v}{(\omega_0 + kv - \omega)^2 + \gamma^2 + \gamma\tau|x|^2} \quad (8.41)$$

これらの式に現われる積分は，プラズマ分散関数を用いて表わすことができる．プラズマ分散関数 $Z(\zeta)$ は，複素変数を ζ とするとき

158 第8章 非線形コヒーレント効果

$$Z(\zeta) = \frac{1}{\sqrt{\pi}} \int_{-\infty}^{\infty} \frac{e^{-x^2} \, dx}{x - \zeta} \tag{8.42}$$

で定義される．$\mathrm{Im}\,\zeta > 0$ のときは

$$Z(\zeta) = i \int_0^{\infty} \exp\left[i\zeta y - \frac{1}{4} y^2\right] dy$$

または

$$Z(\zeta) = 2i\, e^{-\zeta^2} \int_{-\infty}^{i\zeta} e^{-t^2} \, dt$$

と書くこともできる．ただし，x と y は実変数，t は複素変数である．

いま，飽和効果で広がった均一幅

$$\Delta\omega_{\mathrm{h}} = \sqrt{\gamma^2 + \gamma\tau|x|^2} \tag{8.43}$$

を用いて

$$\zeta = \frac{\omega_0 - \omega + i\Delta\omega_{\mathrm{h}}}{ku}, \quad x = -\frac{v}{u}$$

とおけば

$$\frac{e^{-x^2} \, dx}{x - \zeta} = \frac{kv - \omega + \omega_0 - i\Delta\omega_{\mathrm{h}}}{(kv - \omega + \omega_0)^2 + (\Delta\omega_{\mathrm{h}})^2} e^{-v^2/u^2} k \, dv$$

であるから，(8.40) から

$$\chi_{\mathrm{D}}' = \frac{N_1^{(0)} - N_2^{(0)}}{\varepsilon_0 \hbar ku} |\mu_{12}|^2 \, \mathrm{Re}\, Z(\zeta) \tag{8.44}$$

$$-\chi_{\mathrm{D}}'' = \frac{N_1^{(0)} - N_2^{(0)}}{\varepsilon_0 \hbar ku} |\mu_{12}|^2 \frac{\gamma}{\Delta\omega_{\mathrm{h}}} \mathrm{Im}\, Z(\zeta) \tag{8.45}$$

となる．これは一般に飽和吸収の分散と吸収を表わすが，光が弱いときの線形感受率 χ_1 $= \chi_1' - i\chi_1''$ は，$|x| \to 0$ の極限の χ_{D} で表わされる．したがって

$$\chi_1 = \frac{N_1^{(0)} - N_2^{(0)}}{\varepsilon_0 \hbar ku} |\mu_{12}|^2 Z\left(\frac{\omega_0 - \omega + i\gamma}{ku}\right) \tag{8.46}$$

と表わすことができる．

一般に，光電場を E とすると媒質の分極は

$$P = \varepsilon_0(\chi_1 E + \chi_2 E^2 + \cdots) \tag{8.47}$$

と書ける．χ_n を n 次の非線形感受率という．媒質が座標の反転に対して対称的ならば，偶数次の非線形感受率は 0 である．したがって，等方性の気体，液体，および多くの固体の非線形感受率は

$$\chi = \chi_1 + \chi_3 E^2 + \chi_5 E^4 + \cdots$$

と表わされる．ドップラー広がりを含む非線形感受率(8.40)における奇数次の非線形感受率は，$Z(\zeta)$とその微分を用いて表わすことができる．

低圧気体の光領域のスペクトルでは，ドップラー幅が$10^9\,\mathrm{Hz}=1\,\mathrm{GHz}$前後もあるのに対し，圧力$100\,\mathrm{Pa}$以下*での均一幅は$10^6 \sim 10^7\,\mathrm{Hz}=1 \sim 10\,\mathrm{MHz}$程度である．このときは$\varDelta\omega_\mathrm{h} \ll \varDelta\omega_\mathrm{D}$，すなわち$\gamma \ll ku$とみなすことができる．$\gamma \ll ku$を用いる近似を**ドップラー極限近似**といい，このときのプラズマ分散関数は，$z = (\omega_0 - \omega)/ku$とおくと

$$\mathrm{Re}\,Z(\zeta) = 2\,\mathrm{e}^{-z^2} \int_0^z \mathrm{e}^{x^2}\,\mathrm{d}x, \qquad \mathrm{Im}\,Z(\zeta) = -\sqrt{\pi}\,\mathrm{e}^{-z^2} \tag{8.48}$$

という簡単な形になる．そこでドップラー極限近似のパワー吸収定数は(8.45)と(8.48)から

$$2\alpha_\mathrm{D} = \frac{N_1^{(0)} - N_2^{(0)}}{\varepsilon_0 \hbar u} |\mu_{12}|^2 \frac{\sqrt{\pi}\,\gamma}{\varDelta\omega_\mathrm{h}} \exp\left[-\left(\frac{\omega - \omega_0}{ku} \right)^2 \right] \tag{8.49}$$

となる．そこで，入射光が弱い場合の吸収定数の$\omega = \omega_0$における大きさ$\alpha_\mathrm{D}(0)$をドップラー広がりがない場合の(8.10)に比べてみると

$$\frac{\alpha_\mathrm{D}(0)}{\alpha(0)} = \frac{\sqrt{\pi}\,\gamma}{ku} \tag{8.50}$$

となっている．すなわち，ドップラー広がりによって，スペクトル線の強度は，およそ均一幅とドップラー幅の比だけ小さくなる．

ドップラー広がりがあるときの中心周波数における飽和吸収特性，すなわち入射光の強さにより吸収定数が減少する様子は，ドップラー極限近似の(8.49)を用いると，

$$\alpha_\mathrm{D}(P) = \frac{\alpha_\mathrm{D}(0)}{\sqrt{1 + P/P_\mathrm{s}}} \tag{8.51}$$

となる．ただしPは入射光のパワー，P_sは飽和パワーである．P_sはドップラー広がりがないときの(8.24)と同じであるが，(8.51)はドップラー広がりのないときの(8.9)では$(1+P/P_\mathrm{s})^{-1}$であったのに対して$(1+P/P_\mathrm{s})^{-1/2}$になっている．

---

* 約$0.75\,\mathrm{Torr}$以下．

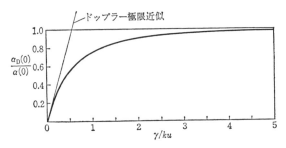

図 8.5 ドップラー広がりと均一広がりがあるときのスペクトル線強度. γ はほぼ気体の圧力に比例するから，この図は圧力による吸収定数の変化を示す.

$\gamma \ll ku$ ならば (8.51)，$\gamma \gg ku$ ならば (8.9) が成り立つ.

　ドップラー極限近似が成り立たないときは，プラズマ分散関数の積分を数値計算しなければならない．スペクトル線の中心での吸収定数 (8.41) とドップラー広がりがないときの吸収定数との比を弱い光 ($|x|^2 \to 0$) の場合に数値計算した結果を図 8.5 に示す．これを見れば，ドップラー広がりがあるときの線形吸収定数 $\alpha_D(0)$ がドップラー広がりが大きいときにどのようにドップラー極限に近づき，ドップラー広がりが小さいときにどのように均一幅だけの値 $\alpha(0)$ に近づくかがわかる．

§8.5 ホールバーニング

　不均一広がりと均一広がりの区別は，最初，核磁気共鳴におけるホールバーニング効果 (hole-burning effect) の実験で明らかにされた．一般にスペクトル線が不均一広がりと均一広がりとを含むとき，ある周波数の入射光による飽和は均一広がりの範囲内でだけ起こり，不均一広がりには行き渡らない．そこで，不均一に広がったスペクトル線が一定周波数の入射光を飽和吸収しているとき，弱い光をプローブに用い，その周波数を変えながら吸収を観測してみると，スペクトル線の形が図 8.6 に示すように，穴 (くぼみ) のある形になる．そこでこれをホールバーニング効果[*]とよぶようになった．不均一広がりの中で代表的

---
　[*] 焼焦げ穴を生じる効果というような意味．

図 8.6 スペクトル線の
ホールバーニング

な,気体のドップラー広がりのスペクトルにおけるホールバーニングについて,次に詳しく述べよう.

前節で述べたように,気体分子の速度成分を v とすると,入射光に対する共鳴周波数がドップラー効果のために ω_0 ではなくて ω_0+kv になる.そこで,速度成分 v が異なる分子は遷移確率が異なることになる.速度成分が v である分子の吸収断面積または平均遷移確率は,(8.14)または(8.2)の中の ω_0 を ω_0+kv で置き換えたものになる.そうすると,ω および v の関数として吸収断面積は

$$\sigma(v) = \frac{k\gamma|\mu_{12}|^2}{\varepsilon_0\hbar[(\omega_0+kv-\omega)^2+\gamma^2]} \tag{8.52}$$

と表わされるので,入射光子束 I による遷移確率は

$$I\sigma(v) = \frac{|x|^2}{2}\cdot\frac{\gamma}{(\omega_0+kv-\omega)^2+\gamma^2} \tag{8.53}$$

となる.

遷移の下と上の準位にある分子の速度分布をそれぞれ $N_1(v)$, $N_2(v)$ とすれば,飽和吸収している定常状態で 2 準位の速度分布は,(8.21)を書き換えることにより

$$\left.\begin{aligned}N_1(v) &= N_1{}^{(0)}(v) - \frac{\gamma}{2\gamma_1}\cdot\frac{[N_1{}^{(0)}(v)-N_2{}^{(0)}(v)]|x|^2}{(\omega_0+kv-\omega)^2+(\varDelta\omega_\mathrm{h})^2} \\ N_2(v) &= N_2{}^{(0)}(v) + \frac{\gamma}{2\gamma_2}\cdot\frac{[N_1{}^{(0)}(v)-N_2{}^{(0)}(v)]|x|^2}{(\omega_0+kv-\omega)^2+(\varDelta\omega_\mathrm{h})^2}\end{aligned}\right\} \tag{8.54}$$

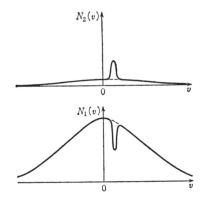

図 8.7 上下準位の分子の速度分布のホールバーニング効果による変化

と表わされる．ここで v を含まない他の記号の意味は前節と同じである．光が入射していないときの各準位の分子の速度がマクスウェル・ボルツマン分布をしているならば，

$$N_1^{(0)}(v) = \frac{N_1^{(0)}}{\sqrt{\pi}\,u} e^{-v^2/u^2}, \qquad N_2^{(0)}(v) = \frac{N_2^{(0)}}{\sqrt{\pi}\,u} e^{-v^2/u^2} \qquad (8.55)$$

と表わされ，およそ，図 8.7 に点線で示すような分布になる．

飽和吸収を起こすような光が入射すると，下準位の分子数は小さくなり，上準位の分子数は大きくなるが，不均一広がりがあるときには，これらの分子数の増減は均一でない．ドップラー広がりの場合には，(8.54) の右辺の第 2 項が示すように，速度成分が

$$v = \frac{\omega - \omega_0}{k}$$

になる分子に対して最大になり，これから $\Delta\omega_\mathrm{h}/k$ 以上離れると半分以下に小さくなる．そこで，角周波数 ω の光が入射しているときの 2 準位の速度分布は，図 8.7 の実線で示すようになる．このとき，下と上の分子数の差は

$$N_1(v) - N_2(v) = \frac{N_1^{(0)}(v) - N_2^{(0)}(v)}{1 + 2\tau I \sigma(v)} \qquad (8.56)$$

となる．ただし τ は縦緩和時間 (8.20) である．

このような速度分布をもつ 2 準位分子の気体の単位体積で吸収される入射光のパワーは

$$\Delta P = \hbar\omega \int_{-\infty}^{\infty} [N_1(v) - N_2(v)] I\sigma(v) \, dv \qquad (8.57)$$

で与えられる. そこでパワー吸収定数 $2\alpha_D$ は (8.57) と (8.56) から

$$2\alpha_D = \frac{\Delta P}{\hbar\omega I} = \int_{-\infty}^{\infty} \frac{N_1^{(0)}(v) - N_2^{(0)}(v)}{\sigma(v)^{-1} + 2\tau I} \, dv \qquad (8.58)$$

と表わされる. これに (8.17), (8.55), (8.52) を代入すれば, (8.41) とまったく同じ式になる.

しかし, 飽和吸収を起こす入射光とは別に角周波数が ω' の弱い光をプローブとして入れると, ω' を変えていくとき, 速度分布 $N_1(v) - N_2(v)$ に比例する吸収を v を変えながら観測することになるので, スペクトル線の中に図8.6に示すようなくぼみが現われる. 反転分布媒質で放出スペクトルを観測する場合でも, 同じように放出スペクトル線の中にくぼみが現われる. ホールバーニング効果によって観測されるこのくぼみの中心は $\omega' = \omega$ である. ω' を変えたとき, くぼみの幅は γ ではなくて 2γ, より正確には $\gamma + \Delta\omega_h$ になる. なぜならば, 分子の速度分布にホールバーニングがデルタ関数のように鋭く生じたとしても, これを ω' の光でプローブするときの幅は γ になるので, 飽和光 ω によるホールバーニングの幅と弱い光 ω' でプローブするときの広がりとの和が観測されるくぼみの幅になるからである.

§8.6 コヒーレント過渡現象

これまでは, コヒーレントな入射光と2準位媒質との相互作用を, 主として定常状態について調べた. 厳密には定常状態でなくても, 媒質の緩和時間にくらべて時間的変化がゆっくりしているときには, 定常状態としての取扱いがよい近似で成り立つ. 普通, 常温の固体や液体では緩和時間がピコ秒 (10^{-12} s) 程度またはそれ以下であるから, たいていの場合の相互作用は準定常的とみなされる. しかし固体でもレーザーに利用される遷移などでは例外的に緩和時間が長く, 気体では一般に圧力を低くすれば緩和時間が長くなる. こういう媒質では, ピコ秒パルスを用いないでも, いろいろのコヒーレント過渡現象を観測す

164　第8章　非線形コヒーレント効果

ることができる．これらは，媒質の緩和過程，励起エネルギーの特定の状態への移行や化学反応など，励起状態の動的性質を研究するのに役立ち，また各種の光エレクトロニクスの高速度デバイスの基礎として重要である．

　多くのコヒーレント過渡現象は，2準位分子から成る媒質で緩和効果を現象論的に取り入れた密度行列の理論によって近似的に解析することができる．近似が不充分な場合でも，それ以上によい理論を一般的に展開することは容易でない．

　これまでは，入射光が定常的な単色光であるものとして媒質のレスポンスを考えてきた．しかし，強さが時間的に変化する入射光を考えると，たとえ単色光でもその振幅（包絡線）が急速に変化すれば周波数の異なる成分（側帯波）を生じ，また異なる位置にある分子が受ける光電場の振幅と位相は同じでない．そこでコヒーレント過渡現象を考えるときには，周波数による伝搬定数の違い（屈折率の分散）を考慮し，空間的時間的に伝搬効果を入れた光電場と2準位分子との非線形コヒーレント相互作用を取り扱わなければならない．また，2準位分子の誘起双極子モーメントの緩和（横緩和）と分子数の緩和（縦緩和）が異なるので両者の時間的空間的変化が異なるが，媒質の分極は分子数と誘起双極子モーメントの積であって，それが光の伝搬を左右する．

　したがってコヒーレント過渡現象の取扱いでは，媒質中を伝わる光の電場 E も媒質の分極 P も，時間的および空間的に急激に変化する関数である．そして分極 P によって支配される光電場 E の時間的空間的変化をマクスウェルの方程式によって記述し，光電場 E によって誘起される2準位媒質の分極 P を密度行列の運動方程式によって記述し，両者の関係が時間，空間のすべての点で矛盾しないような解を求めなければならない．いろいろの問題についてこのように完全な解を求めることは，高速度コンピューターを使っても不可能に近い．したがって，著しい単純化を伴う近似を入れて計算したり，理論的計算が容易になるような条件になるべく近い実験的条件でコヒーレント過渡現象を観測したりしているのが現状である．

　実際の媒質では，入射光にほぼ共鳴する2準位以外の準位が関与する遷移が

§8.6 コヒーレント過渡現象 165

あり，他の分子が共存していることもある．そこで，媒質の分極のうちで特定の2準位の遷移によるものだけを P，それ以外の分極を $\varepsilon_0 \chi E$ で表わす．そして，χ は光の強さによらない線形感受率であるとして，P だけに非線形コヒーレント効果を考える．$\varepsilon_0(1+\chi)=\varepsilon$ とおけば，両方の分極を含む電束密度は

$$D = \varepsilon E + P \tag{8.59}$$

と表わされる．これをマクスウェルの方程式から導かれた波動方程式(3.7)に代入すれば

$$\nabla \times \nabla \times E + \varepsilon \mu_0 \frac{\partial^2 E}{\partial t^2} = -\mu_0 \frac{\partial^2 P}{\partial t^2} \tag{8.60}$$

となる．

3次元の波動として非線形コヒーレント現象を解析するのは数学的に非常に難しいので，ここでは1次元の波動に限って調べることにする．光の進行方向に z 軸をとり，E と P をそれぞれ平面波として

$$\left. \begin{aligned} E(z, t) &= \frac{1}{2} \mathcal{E}(z, t) \exp(i\omega t - ikz) + \text{c.c.} \\ P(z, t) &= \frac{1}{2} \mathcal{P}(z, t) \exp(i\omega t - ikz) + \text{c.c.} \end{aligned} \right\} \tag{8.61}$$

で表わす．ただし ω は光の角周波数，k は2準位の遷移による効果を含まない波長定数であって

$$k = \omega \sqrt{\varepsilon \mu_0} = \eta \frac{\omega}{c} \tag{8.62}$$

とする．ここで，$\eta = \sqrt{\varepsilon/\varepsilon_0}$ は媒質の屈折率を意味する．また，$\mathcal{E}(z, t)$ と $\mathcal{P}(z, t)$ は時間的には ω にくらべてゆっくりと，空間的には k にくらべてゆるやかに変化する関数であって，それぞれ E と P の振幅(の包絡線，envelope)を表わしている．

(8.61)を用いると，波動方程式(8.60)は

$$\frac{\partial^2 E(z, t)}{\partial z^2} - \varepsilon \mu_0 \frac{\partial^2 E(z, t)}{\partial t^2} = \mu_0 \frac{\partial^2 P(z, t)}{\partial t^2} \tag{8.63}$$

となる．ここで $E(z, t)$ や $\mathcal{E}(z, t)$ などを略して書いて $E, \mathcal{E}$ などとすれば

166　第8章　非線形コヒーレント効果

$$\frac{\partial^2 \boldsymbol{E}}{\partial z^2} = \frac{1}{2}\left(\frac{\partial^2 \mathcal{E}}{\partial z^2} - 2ik\frac{\partial \mathcal{E}}{\partial z} - k^2\mathcal{E}\right)\exp\left(i\omega t - ikz\right) + \text{c. c.}$$

であるが，$\mathcal{E}$ の空間的変化が k にくらべてゆるやかであるときには

$$\left|\frac{\partial \mathcal{E}}{\partial z}\right| \ll k|\mathcal{E}|$$

だから，2次の微小量 $\partial^2\mathcal{E}/\partial z^2$ を無視することができる．時間微分についても同様に $\mathcal{E}$ の時間的変化が ω にくらべてゆっくりとしているので

$$\left|\frac{\partial \mathcal{E}}{\partial t}\right| \ll \omega|\mathcal{E}|$$

と考えて $\partial^2\mathcal{E}/\partial t^2$ を無視することにする．このような近似を SVEA (slowly varying envelope approximation) という．分極 $\boldsymbol{P}$ を時間的に2回微分した式も上と似た式になるが，$\boldsymbol{P}$ は波動方程式における摂動であって，$\varepsilon\boldsymbol{E}$ または $\varepsilon_0\boldsymbol{E}$ にくらべて小さい量であるとすれば，$\partial^2\mathcal{P}/\partial t^2$ だけでなく $\partial\mathcal{P}/\partial t$ の項も無視することができる．そうすると，(8.63)の波動方程式は簡単に

$$\frac{\partial \mathcal{E}}{\partial z} + \frac{\eta}{c}\frac{\partial \mathcal{E}}{\partial t} = -\frac{ik}{2\varepsilon}\mathcal{P} \tag{8.64}$$

となる．

　$\mathcal{P}=0$ のときは上式の右辺が 0 であるから，この波動方程式は $\mathcal{E}(z,t)$ が波形を変えないで c/η の速さで $+z$ 方向に進むことを示している．そこで

$$\tau = t - \frac{\eta}{c}z \tag{8.65}$$

とおけば，任意の位置 z での波形が $\mathcal{E}(z,t) = \mathcal{E}(\tau)$ で表わされる．

　波形 $\mathcal{E}(\tau)$ は $\mathcal{P}=0$ のときは，z によらない一定の形のまま，c/η の速さで進むが，$\mathcal{P}\neq 0$ のときには，進行するにつれて波形が変わる．速さの相違も一般に波形の変化として表わすことができる．$\mathcal{P}\neq 0$ であっても小さく，また媒質の長さ L があまり長くなければ，高次の相互作用を考えなくてもよいから，問題がずっと簡単になる．このような場合には $z=0$ における入力波形と $z=L$ における出力波形の大きさが少ししか変わらない．$z=0 \sim L$ による $\mathcal{E}(\tau)$ の増加分を $\varDelta\mathcal{E}$ とすれば，(8.64)と(8.65)から

§8.6 コヒーレント過渡現象　167

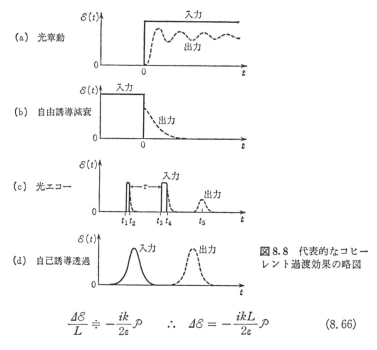

図8.8 代表的なコヒーレント過渡効果の略図

$$\frac{\Delta \mathcal{E}}{L} \doteqdot -\frac{ik}{2\varepsilon}\mathcal{P} \quad \therefore \quad \Delta \mathcal{E} = -\frac{ikL}{2\varepsilon}\mathcal{P} \tag{8.66}$$

となる．

そこで出力波形の変化分を観測すれば，媒質の2準位による非線形コヒーレント分極の時間的波形を知ることができる．実験と理論的解析との比較を容易にするため，階段波またはパルスで変調されたレーザー光を用いて，いろいろのコヒーレント過渡現象が研究されている．その中で代表的な光章動，自由誘導減衰，光エコー，自己誘導透過の略図を図8.8に示し，以下それぞれについて概説する*．

8.6.1 光 章 動

§7.1で述べたように，$t<0$ では摂動のない2準位分子に $t=0$ から一定の周波数と振幅をもつ光が入射すると，図7.1に示すような章動を生じる．回転する物体や磁気共鳴の場合と区別するため，これを 光章動(optical nutation)と

---

* 詳細は参考文献[7]などを見よ．

168   第8章　非線形コヒーレント効果

いう．実際には緩和があるので，§7.5で述べたように，観測される光章動は図8.8(a)で点線で示すように減衰振動波形になる．

　光章動信号の減衰は，均一媒質では主として横緩和時間できまる．しかし不均一広がりがあると，媒質中の各分子の共鳴周波数が少しずつ異なるので，図7.1の2つの波形に見られるように章動周波数(7.15)が異なる．そこで不均一広がりをもつ分子全体の光章動は急速に打ち消され，減衰時間が短くなる．しかし周波数が大きくずれている分子の信号は小さいから，減衰時間は不均一幅の逆数よりは長く，入射光の強度にも依存する．

8.6.2　自由誘導減衰

　光章動の場合とは反対に，図8.8(b)に示すように，$t=0$まで一定の光を入射させておき，$t=0$で入射光の振幅を0にするか，または周波数をある値だけ偏移させると，$t=0$までの間に生じた誘起双極子モーメントが$t>0$では摂動のない（自由な）状態で光を放射しながら減衰する．これを**自由誘導減衰**(free induction decay，略してFID)という．FIDは入射レーザー光と同様にコヒーレントな光で，入射光と同じ方向に放出される．なぜならば，誘起双極子モーメントの位相の空間分布は入射光の位相の空間分布と同じになっているからである．

　均一媒質では，$t<0$の間に生じた誘起双極子モーメントが$t>0$で摂動のなくなったときのふるまいは，回転系における密度行列のベクトル表示を用いると，(7.61)から

$$\left.\begin{array}{l} \dfrac{du}{dt} = -\gamma u-(\omega_0-\omega)v \\[2mm] \dfrac{dv}{dt} = (\omega_0-\omega)u-\gamma v \\[2mm] \dfrac{dw}{dt} = -\dfrac{w-w^{(0)}}{\tau} \end{array}\right\} \tag{8.67}$$

で表わされる．これを解けば

$$u(t)+iv(t) = [u(0)+iv(0)]\, e^{i(\omega_0-\omega)t}\, e^{-\gamma t} \tag{8.68}$$

が得られる．初期値$u(0)$と$v(0)$は，$t=0$に誘起されている双極子を表わし，

(8.28) で与えられる. (8.68) は角速度 ω で回転する系で表わしたものであるから, 実験室系では FID の双極子は固有周波数 ω_0 で振動し, その減衰時間は横緩和時間 $1/\gamma$ である.

$t=0$ で入射光の振幅は変えないで, 角周波数を急にスペクトル線幅より大きく変えて ω' にしたときには ($|\omega'-\omega_0|\gg\gamma$), その後 $t>0$ では ω' の入射光と FID 信号とがビートを生じる. これを**自由誘導ビート** (free induction beat) という. これは FID 信号をヘテロダイン検波して観測することになるので, 振幅を急に 0 にしたときに放射される FID パワーを検出するのにくらべると, 観測しやすい. 図 8.9 は 0.87 Pa の $^{15}NH_3$ で 10.8 μm の振動回転遷移の FID ビートを N_2O レーザーで観測したものである.

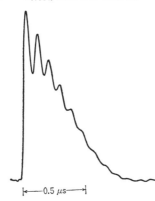

図 8.9 アンモニアの赤外スペクトル線で観測された自由誘導ビート. 圧力 0.87 Pa の $^{15}NH_3$ に N_2O レーザー P(15) 線 45 mW/cm^2 を入射. (清水忠雄氏提供)

均一媒質における FID の減衰時間は光章動のそれと同様に横緩和時間に等しいが, この場合のようにドップラー広がりがあると速度の異なる分子の FID 周波数が異なるので, 合成された信号の減衰が速くなる. このときの減衰時間は, 不均一幅だけでなく光の強さにも依存して短くなる. なぜなら, 不均一広がりをしている全分子の中で, ホールバーニングしている分子群が主として FID に寄与するが, その強さもホールバーニングの幅も光の強さによって変わるからである. 観測される FID 信号の減衰時間は, そのほかレーザー光の強さの空間的分布や分子の横方向の運動によっても短くなっている.

気体の分子間衝突の中には, 衝突の前後で分子のエネルギーや運動量の大き

170　第8章　非線形コヒーレント効果

さは変わらないが，双極子モーメントの位相や分子の速度の方向が少し変わる
ような弱い衝突*もある．これらをそれぞれ，**位相を変える衝突**(phase-chan-
ging collision)，**小角衝突**(small-angle collision)という．このような弱い衝突
があると，各分子の放射する FID 信号の位相が互いにずれてくるので，気体
分子全体の生ずる FID の減衰時間が短くなる．これらの効果は自由誘導ビー
トについても起こるが，多少異なり，それによって弱い衝突の効果を調べるこ
とができるが，一般に各過程を分離することは困難である．

8.6.3　光エコー

光章動や自由誘導減衰とちがって，光エコーは不均一広がりがないと現われ
ない．図8.8(c)に示すように，時間間隔 τ で2つの光パルスを入れたとき，第
2パルスから τ だけ遅れて現われる光を**光エコー**(photo echo)という．これを
光子エコーまたはフォトンエコー(photon echo)ということがあるが，次に述
べるようにスピンエコーと類似の機構で，光波の干渉効果によってエコーがで
きるもので，粒子的な効果ではないから，光子エコーとよぶ必要はない．

光エコーの生成を説明する前に，一般に光パルスが2準位分子に及ぼす効果
が密度行列ベクトルの回転角で表わされることを示しておこう．振幅の包絡線
が $\mathcal{E}(t)$ で変わる光パルス

$$E(t) = \frac{1}{2}\mathcal{E}(t)\,e^{i\omega t}+\text{c. c.} \tag{8.69}$$

が2準位分子に入射すると，$\omega = \omega_0$ ならば回転座標系でみた密度行列のベクト
ル $\vec{\rho}$ は，§7.5で述べたように，$|\mu_{12}\mathcal{E}(t)|/\hbar$ の角速度で Z 軸を含む面内に回転
する．そこで $t=t_1$ から t_2 までの間の回転角 Θ は

$$\Theta = \frac{|\mu_{12}|}{\hbar}\int_{t_1}^{t_2}|\mathcal{E}(t)|\,\mathrm{d}t \tag{8.70}$$

で与えられる．入射波の位相が0になるように時間の原点をとれば $\mathcal{E}(t)$ は実
数で，X' 軸方向のベクトルで表わされるから，$\vec{\rho}$ は $Y'Z'$ 面内で時計まわりに
Θ だけ回転する．$t<t_1$ と $t>t_2$ では $\mathcal{E}(t)=0$ とすると，Θ はこのパルスの前後の

＊　柔らかい衝突(soft collision)ともいう．

§8.6 コヒーレント過渡現象　171

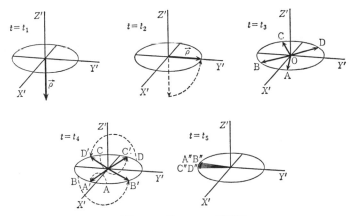

図 8.10　光エコーの説明図

$\vec{\rho}$ の間の角である．$\Theta = \pi$ (180°) になるパルスを π パルスまたは 180° パルス，$\Theta = \pi/2$ (90°) になるパルスを $\pi/2$ パルスまたは 90° パルスとよぶ．Θ は (8.70) が示すように振幅 $\mathcal{E}(t)$ の積分を表わすので，**パルス面積**とよぶこともある．

さて，光エコーは一般に任意の大きさの2つのパルスを入射したときに生じるが，第1パルスを $\pi/2$ パルス，第2パルスを π パルスにしたときにエコーの大きさが最大になる．$\pi/2$ パルスと π パルスが入射したときの密度行列ベクトルの変化を回転座標系で図解すると，図 8.10 のようになる．時間の経過 $t = t_1, t_2, \cdots$ は図 8.8(c) の $t_1, t_2, \cdots$ に対応する．不均一広がりがあってもパルス幅 Δt が短ければ，不均一幅を $\Delta\omega_0$ とするとき $\Delta\omega_0 \Delta t \ll 1$ とみなすことができる．したがって $\pi/2$ パルスが入射したとき，不均一に広がったすべての分子の $\vec{\rho}$ は X' 軸のまわりに 90° 回転する．

図 8.10 で，はじめ $t = t_1$ では熱平衡状態で $-Z'$ 軸方向を向いていた $\vec{\rho}$ は，$\pi/2$ パルスが入射した直後 $t = t_2$ ではすべて Y' 軸方向を向く．この後，各分子の $\vec{\rho}$ は不均一広がりのために ω とは異なる角速度で歳差運動し，$\tau \gg (\Delta\omega_D)^{-1}$ の時間が経った $t = t_3$ では，$X'Y'$ 面内で A, B, C, $\cdots$ に示すようにそれぞれ異なる方向をとる．このとき集団平均の $\vec{\rho}$ はほとんど 0 であるが，π パルスが入射すると，各分子の $\vec{\rho}$ はそれぞれ X' 軸のまわりに 180° 回転し，$t = t_4$ では A', B',

172　第8章　非線形コヒーレント効果

$C', \cdots$ の方向になる．このときも集団平均の $\bar{\rho}$ はほとんど 0 である．ところが時間がさらに τ だけ経つと，すべての分子の $\bar{\rho}$ が $-Y'$ 軸方向に揃い，A''，B''，C''，$\cdots$ の方向になる．なぜならば π パルスの前でも後でも各分子の $\bar{\rho}$ はそれぞれ同じ角速度で回軸し，図 8.10 から明らかなように

$$\angle AOY' = \angle A''OA', \quad \angle BOY' = \angle B''OB', \quad \cdots$$

だからである．

　このようにして，第 2 パルスから時間 τ だけ後に集団平均の $\bar{\rho}$ が大きくなり，コヒーレントな分極が合成されて光パルスが現われる．これが光エコーである．実際の媒質では必ず緩和があるので，パルス間隔 τ を緩和時間より長くすると，光エコーは次第に見えなくなる．その減衰は双極子モーメントの位相緩和時間，すなわち横緩和時間で主にきまる．

8.6.4　自己誘導透過

　その他にもいろいろのコヒーレント過渡現象があるが，特異な伝搬効果を示す現象は**自己誘導透過**(self-induced transparency，略して SIT)である．これは，2 準位の吸収媒質に 2π パルスを入射させたとき，パルス幅が緩和時間より充分短ければ，パルスが吸収されないで透過する現象である．パルス面積が 2π のときには $\Theta = 2\pi$ であるから，2 準位の密度行列を表わすベクトル $\bar{\rho}$ は $360°$ 回転する．このとき，はじめ 0 から $180°$ 回転する間には光を吸収するが，$180°$ から $360°$ まで回転する間に同じエネルギーの光を放出するので，入射光は少しも吸収されないで吸収媒質を通りぬけることができる．これが自己誘導透過であって，飽和吸収とは本質的に異なる．

　自己誘導透過は，吸収体の緩和時間よりも短時間の 2π パルスがほとんど 100% 透過する現象であるが，飽和吸収は，連続波または緩和時間にくらべてゆっくりと変化する入射光の吸収率が光の強さとともに次第に小さくなる現象であって，飽和吸収のときの透過率は 100% にはならない．自己誘導透過では，媒質中の各部にある下準位の 2 準位分子が入射光パルスとコヒーレント相互作用して入射光を一旦吸収し，次にコヒーレントにその光エネルギーを放出するので，入射パルスの伝搬速度はふつうの光速度の 10 分の 1 以下 100 分の 1 程

度までも遅くなる．

このような現象は，平面波パルスの伝搬を記述するマクスウェルの方程式から導かれた近似式(8.64)において，媒質の各部分の分極が光学的ブロッホ方程式(7.61)で与えられるとして解析することができる．光パルスが緩和時間にくらべて短いときには，(7.61)で $\gamma=0$, $\tau=\infty$ として緩和項を省略することができるので計算が簡略化される．しかし，幅のせまいパルスは周波数成分が広がっていること，また，異なる場所の分子はそれぞれ時間的に異なる変化をしていることを考慮に入れて計算しなければならない．

このような理論計算の結果，2 準位分子から成る吸収体に 2π パルスが入射したとき，透過光の波形は多少変わってもパルス面積は 2π のままであるだけでなく，入射光のパルス面積が π と 3π の間にあるとき，透過光のパルス面積は 2π に近づくことがわかる．一般に 2π パルスのほか，4π, 6π, … のパルスも安定に伝搬する．とくに，包絡線振幅 $\mathcal{E}(t)$ が図 8.11 に示すような双曲線正割 (hyperbolic secant) 関数で表わされる 2π パルスは，波形も振幅もそのまま変わらずに一定の速さで伝搬する．

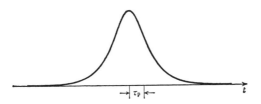

図 8.11　双曲線正割関数 $\mathrm{sech}(t/\tau_\mathrm{p})$ の形

このようなパルスの伝搬速度を v_p，パルス幅(振幅が $2/(e+e^{-1})=0.648$ 倍になる半幅)を τ_p とすれば，z 方向に進む 2π パルスの振幅 $\mathcal{E}(z,t)$ は

$$\frac{|\mu_{12}|}{\hbar}\mathcal{E}(z,t) = \frac{2}{\tau_\mathrm{p}}\mathrm{sech}\left(\frac{t}{\tau_\mathrm{p}} - \frac{z}{v_\mathrm{p}\tau_\mathrm{p}}\right) \tag{8.71}$$

で表わされる．媒質の屈折率を $\eta=\sqrt{\epsilon/\epsilon_0}$，単位体積の分子数を N(上準位にも分布するときは $N_1^{(0)}-N_2^{(0)}$)，2 準位の間の遷移スペクトル線の形を表わす規格化関数を $g(\omega)$ とすれば，自己誘導透過パルスの伝搬速度 v_p は

174   第8章　非線形コヒーレント効果

$$\frac{1}{v_p} = \frac{\eta}{c}\left[1 + \frac{N\omega|\mu_{12}|^2\tau_p^2}{2\varepsilon\hbar}\int_{-\infty}^{\infty}\frac{g(\omega')\,\mathrm{d}\omega'}{1+(\omega-\omega')^2\tau_p^2}\right] \tag{8.72}$$

で与えられる. 吸収スペクトル線幅 $\Delta\omega_0$ がせまくて, $\Delta\omega_0\tau_p\ll1$ のときには, 積分は1になるが, 反対に $\Delta\omega_0\tau_p\gg1$ のときには $(\pi/\tau_p)g(\omega)$ になる.

　不均一広がりをもつスペクトル線の幅 $\Delta\omega_0$ がせまくて $\Delta\omega_0\tau_p\ll1$ のときには, 単位体積中の光パルスの最大エネルギーを U_{em}, 2準位分子の最大エネルギーを $U_m=N\hbar\omega$ とすれば, (8.72)は

$$\frac{1}{v_p} = \frac{\eta}{c}\left[1 + \frac{U_m}{U_{em}}\right] \tag{8.73}$$

と書ける. なぜなら(8.71)から光電場の最大値は

$$\mathcal{E}_m = \frac{2\hbar}{|\mu_{12}|\tau_p}$$

で与えられ, 単位体積の光のエネルギーが

$$U_{em} = \frac{1}{2}\varepsilon E^2\times2 = \frac{1}{2}\varepsilon\mathcal{E}_m{}^2$$

$$= \frac{2\varepsilon\hbar^2}{|\mu_{12}|^2\tau_p^2}$$

となるからである. (8.73)の関係は, 自己誘導透過の過程においては, 光のエネルギーが一度2準位分子の励起エネルギーに変わるので, それだけ伝搬時間が遅れることを示している.

レーザー発振の理論

第9章

　第6章では，レート方程式を用いてレーザー発振の出力特性を調べた．この章では，原子と光との相互作用を誘導放出確率としてではなく，位相を考慮したコヒーレント相互作用として取り扱ってレーザーの発振特性を調べる．このようなレーザー理論は次の2通りに大別される．光を古典的な電磁波としてマクスウェルの方程式で記述し，その電磁場の中にある原子のふるまいを量子力学で記述する理論を**半古典的理論**(semiclassical theory)といい，原子だけでなく電磁波も量子化して全体を量子力学的に取り扱う理論を，**全量子力学的理論**(fully quantum-mechanical theory)または単に量子力学的理論という．

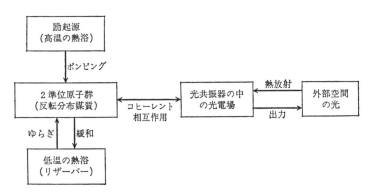

図9.1　レーザーの物理的モデル

　標準的なレーザーの物理的モデルを図9.1に示す．この図で明らかなように，レーザーは2準位原子と光共振器だけで閉じた系ではなく，外界と相互作用している開放系である．熱的には，高温と低温の熱浴に接していて非平衡状態に

176   第9章 レーザー発振の理論

あり，また，光と原子の相互作用は非線形であって，原子と光のコヒーレンス
を考えなければならないことが特徴である．

§9.1 半古典的理論の基礎方程式

レーザーの半古典的理論は，著者らが 1955 年に展開した分子線メーザーの
理論*と本質的に同じである．半古典的理論では，まず共振器の各モードの電
磁場を仮定し，それによって誘起されるレーザー媒質の分極を量子力学的に計
算する．他方，その分極と初めに仮定した電磁場とが両立するような電磁波の
振幅と周波数をマクスウェルの方程式を用いて求める．その場合，レーザー媒
質に反転分布を作るポンピングと，反転分布を消滅させる緩和とは，現象論的
係数で与えられているものとして取り扱う．

一般に光共振器の固有振動モードは無数にあるが，その中で少数のモードで
だけレーザー発振が起こる．1 つのモードでだけ発振する単一モード発振が望
ましくても，通常のレーザーではいくつかのモードで多モード発振することが
多い．

いま，共振モード n の固有関数を $U_n(r)$，その固有角周波数を Ω_n で表わし，
発振角周波数は Ω_n に近い値であるが必ずしも等しくないので別の記号 ω_n で
表わすことにする．そうすると共振器の中の光電場 $E(r, t)$ と，2 準位原子か
ら成るレーザー媒質の分極 $P(r, t)$ とは，モード展開式

$$E(r, t) = \sum_n \tilde{E}_n(t) U_n(r) e^{i\omega_n t} + \text{c. c.} \tag{9.1}$$

$$P(r, t) = \sum_n \tilde{P}_n(t) U_n(r) e^{i\omega_n t} + \text{c. c.} \tag{9.2}$$

で書き表わすことができる．光電場も分極もベクトルであるが，ここでは簡単
のため媒質が等方的である場合だけを考えることにして，ベクトル記号を用い
ない．そこで $\tilde{E}_n(t)$ と $\tilde{P}_n(t)$ はそれぞれモード n の発振の光電場と分極の大き
さを表わし，時間的には光周波数よりもずっとゆっくりとしか変化しない．

ところで，モード n の振動の振幅減衰定数を κ_n とすれば，モード n の自由

---

* K. Shimoda, T. C. Wang and C. H. Townes : *Phys. Rev.*, **102**(1956), 1308.

振動の光電場は

$$E_n(\boldsymbol{r}, t) = \tilde{E}_n U_n(\boldsymbol{r}) e^{i\Omega_n t - \kappa_n t} + \text{c. c.} \tag{9.3}$$

と書ける. ここでは $\tilde{E}_n$ は定数である. マクスウェルの方程式から導かれる波動方程式 (3.7) は, $\mu = \mu_0$, div $\boldsymbol{E} = 0$ の場合には

$$\nabla^2 \boldsymbol{E} = \mu_0 \frac{\partial^2 \boldsymbol{D}}{\partial t^2} \tag{9.4}$$

となるので, これに $\boldsymbol{D} = \varepsilon_0 \boldsymbol{E}$ と (9.3) を代入すれば

$$\nabla^2 U_n(\boldsymbol{r}) + \varepsilon_0 \mu_0 \Omega_n{}^2 U_n(\boldsymbol{r}) + 2i\varepsilon_0 \mu_0 \kappa_n \Omega_n U_n(\boldsymbol{r}) = 0 \tag{9.5}$$

となる. ただし $\kappa_n \ll \Omega_n$ だから, $\kappa_n{}^2$ の項は無視している.

自由振動ではなくて, 反転分布の 2 準位原子によってレーザー発振が起こっている場合には, $\tilde{P}_n \neq 0$ だから, (9.4) において

$$\boldsymbol{D} = \varepsilon_0 \boldsymbol{E} + \boldsymbol{P}$$

とする. $\boldsymbol{E}$ と $\boldsymbol{P}$ に (9.1) と (9.2) を代入し, モード間の直交関係

$$\int U_n{}^*(\boldsymbol{r}) U_m(\boldsymbol{r}) \, \mathrm{d}\boldsymbol{r} = \delta_{nm} V_0 \tag{9.6}$$

を用いると[†], 運動方程式は

$$\tilde{E}_n(t) \nabla^2 U_n(\boldsymbol{r}) + \varepsilon_0 \mu_0 \left(\omega_n{}^2 - 2i\omega_n \frac{\mathrm{d}}{\mathrm{d}t} - \frac{\mathrm{d}^2}{\mathrm{d}t^2} \right) \tilde{E}_n(t) U_n(\boldsymbol{r})$$

$$= -\mu_0 \left(\omega_n{}^2 - 2i\omega_n \frac{\mathrm{d}}{\mathrm{d}t} - \frac{\mathrm{d}^2}{\mathrm{d}t^2} \right) \tilde{P}_n(t) U_n(\boldsymbol{r})$$

となる. ただし, 回転波近似を用い, $e^{-i\omega_n t}$ で変化する $\tilde{E}_n{}^*$ の項を省略した. また, $\tilde{E}_n$ と $\tilde{P}_n$ の時間的変化がゆっくりならば, §8.6 の近似 (SVEA) と同様に $\mathrm{d}^2\tilde{E}_n/\mathrm{d}t^2$, $\mathrm{d}^2\tilde{P}_n/\mathrm{d}t^2$, および $\mathrm{d}\tilde{P}_n/\mathrm{d}t$ を省略することができる. そうすると, 上式に固有モードの特性 (9.5) を代入した式は

$$(\omega_n{}^2 - \Omega_n{}^2) \tilde{E}_n - 2i\kappa_n \Omega_n \tilde{E}_n - 2i\omega_n \frac{\mathrm{d}\tilde{E}_n}{\mathrm{d}t} = -\frac{\omega_n{}^2}{\varepsilon_0} \tilde{P}_n \tag{9.7}$$

となる. ただし, 上式および今後は $\tilde{E}_n(t)$, $\tilde{P}_n(t)$ をそれぞれ略して $\tilde{E}_n$, $\tilde{P}_n$ と書く. さらに $|\omega_n - \Omega_n| \ll \omega_n$ の条件を用いると, 上式から

[†] δ_{nm} はクロネッカーのデルタとよばれ, $n \neq m$ のとき $\delta_{nm} = 0$, $n = m$ のとき $\delta_{nn} = 1$. なお, V_0 は体積の次元をもつ定数.

178　第9章　レーザー発振の理論

$$\frac{\mathrm{d}\tilde{E}_n}{\mathrm{d}t}+[\kappa_n+i(\omega_n-\Omega_n)]\tilde{E}_n = -\frac{i\omega_n}{2\varepsilon_0}\tilde{P}_n \tag{9.8}$$

が得られる．これがモード n の光電場と分極との関係をマクスウェルの方程式から導いた近似式である．

　一方において，(9.1)で表わされる光電場の摂動を受けているレーザー媒質の分極と反転分布とは，第7章で述べた密度行列 ρ を用いれば，それぞれ $P=N\rho_{12}\mu_{21}+$c. c. と $\Delta N=N\Delta\rho$ で表わされる．これらは光共振器の中で不均一分布して時間変化することを考えるとき，それぞれ $P(\boldsymbol{r},t)$，$\Delta N(\boldsymbol{r},t)$ と書く．光電場(9.1)による2準位原子の摂動の行列要素は

$$\mathcal{H}_{12}{}' = -\mu_{12}\sum_n(\tilde{E}_n U_n(\boldsymbol{r})\mathrm{e}^{i\omega_n t}+\text{c. c.}) \tag{9.9}$$

であるから，ρ_{12} の時間変化を表わす(7.49)を分極(9.2)の時間変化の式に書き改めると，回転波近似を使って正負の周波数成分を分離したとき，

$$\left(\frac{\mathrm{d}}{\mathrm{d}t}+\gamma-i\omega_0\right)\sum_n\tilde{P}_n U_n(\boldsymbol{r})\,\mathrm{e}^{i\omega_n t}$$
$$= \frac{i}{\hbar}\Delta N(\boldsymbol{r})|\mu_{12}|^2\sum_m\tilde{E}_m U_m(\boldsymbol{r})\,\mathrm{e}^{i\omega_m t}$$

と書ける．この式の両辺に $U_n{}^*(\boldsymbol{r})\mathrm{e}^{-i\omega_n t}$ をかけて全空間にわたって積分すれば

$$\left(\frac{\mathrm{d}}{\mathrm{d}t}+i\omega_n+\gamma-i\omega_0\right)\tilde{P}_n$$
$$= \frac{i}{\hbar}|\mu_{12}|^2\sum_m\tilde{E}_m\int U_n{}^*(\boldsymbol{r})\Delta N(\boldsymbol{r})U_m\,\mathrm{d}\boldsymbol{r}\,\mathrm{e}^{i(\omega_m-\omega_n)t}$$

となる．そこで $\Delta N(\boldsymbol{r})$ のモード展開係数 ΔN_{nm} を

$$\Delta N_{nm} = \frac{1}{V_0}\int U_n{}^*(\boldsymbol{r})\Delta N(\boldsymbol{r})U_m(\boldsymbol{r})\,\mathrm{d}\boldsymbol{r} \tag{9.10}$$

とおく．ここに V_0 は光共振器の実効体積であって，(9.6)からわかるように，$U_n(\boldsymbol{r})$ の大きさの選び方によって変わるが，計算結果には影響しない．(9.10)を用いると，$\tilde{P}_n$ の微分方程式は

$$\frac{\mathrm{d}\tilde{P}_n}{\mathrm{d}t}+[\gamma+i(\omega_n-\omega_0)]\tilde{P}_n$$
$$= \frac{i}{\hbar}|\mu_{12}|^2\sum_m\Delta N_{nm}\tilde{E}_m\,\mathrm{e}^{i(\omega_m-\omega_n)t} \tag{9.11}$$

となる.

最後に，反転分布の展開係数 ΔN_{nm} の時間変化を与える式は，$\Delta\rho$ の時間変化を表わす(7.48)から求められる．(7.48)に(9.9)と(9.2)を代入し，n, m の代わりに j, k と書けば

$$\frac{\mathrm{d}}{\mathrm{d}t}\Delta N = -\frac{\Delta N-\Delta N^{(0)}}{\tau}-\frac{2i}{\hbar}\sum_j\sum_k\{\tilde{P}_j{}^*U_j{}^*(r)U_k(r)\tilde{E}_k\,\mathrm{e}^{i(\omega_k-\omega_j)t}-\mathrm{c.\,c.}\}$$

となる．この式の両辺に $U_n{}^*(r)U_m(r)$ をかけて全空間にわたって積分すれば

$$\frac{\mathrm{d}}{\mathrm{d}t}\Delta N_{nm}+\frac{1}{\tau}(\Delta N_{nm}-\Delta N_{nm}{}^{(0)})$$

$$=\frac{2}{i\hbar}\sum_j\sum_k A_{nm,jk}\{\tilde{P}_j{}^*\tilde{E}_k\,\mathrm{e}^{i(\omega_k-\omega_j)t}-\mathrm{c.\,c.}\} \tag{9.12}$$

が得られる．ただし

$$A_{nm,jk}=\frac{1}{V_0}\int U_n{}^*(r)U_m(r)U_j{}^*(r)U_k(r)\,\mathrm{d}r \tag{9.13}$$

とおいた.

このようにして得られた(9.8)，(9.11)，(9.12)の3式が多モード発振レーザーの半古典的理論の基礎方程式である．(9.8)を導くのに $\tilde{E}_n$ の変化が速くないものとして2次微分の項を省略したが，この近似は(9.11)を導くのに回転波近似を用いたのと同等である．また，(9.12)を導くのに ΔN の時間変化は速くないものとして，差周波数 $\omega_m-\omega_n$ で変動する項だけを残し，和周波数 $\omega_m+\omega_n$ で変動する項は省略したのも同様な近似で正しい.

§9.2　単一モード発振

小形のレーザーやモード選択性の共振器をもつレーザーでは，単一モードでの発振が実現される．このような単一モード発振レーザーの基礎方程式は，(9.8)，(9.11)および(9.12)から

$$\frac{\mathrm{d}\tilde{E}}{\mathrm{d}t}+[\kappa+i(\omega-\Omega)]\tilde{E}=-\frac{i\omega}{2\varepsilon_0}\tilde{P} \tag{9.14 a}$$

$$\frac{\mathrm{d}\tilde{P}}{\mathrm{d}t}+[\gamma+i(\omega-\omega_0)]\tilde{P}=\frac{i}{\hbar}|\mu_{12}|^2\Delta N\tilde{E} \tag{9.14 b}$$

180 第9章 レーザー発振の理論

$$\frac{\mathrm{d}}{\mathrm{d}t}\varDelta N+\frac{1}{\tau}(\varDelta N-\varDelta N^{(0)})=\frac{2A}{i\hbar}(\tilde{P}^*\tilde{E}-\tilde{P}\tilde{E}^*) \tag{9.14 c}$$

と書ける。ただしモードは1つだけだから添字を省き，

$$A=\frac{1}{V_0}\int\{U^*(r)U(r)\}^2\,\mathrm{d}r \tag{9.15}$$

である。$U(r)$ が規格化されているとき，光電場が平均値以上の大きさをもつ空間の部分の体積は，$U(r)$ の最大値を $U_{\max}$ とすると，およそ

$$V_{\mathrm{mode}}=\frac{V_0}{U_{\max}{}^2}$$

で与えられる。これを**モード体積**(mode volume)という。前に(9.6)，(9.10)や(9.15)に用いた体積 V_0 の選び方は任意であるが，$V_0=V_{\mathrm{mode}}$，すなわち $U_{\max}=1$ としておくのが便利である。

多モード発振では，(9.11)を見ればわかるように，あるモード n の分極 $\tilde{P}_n$ はそのモードの電場 $\tilde{E}_n$ だけではきまらない。しかし単一モードでは，分極は電場によって一義的にきまる。(9.14 b)と(9.14 c)から，$\tilde{P}$ は $\tilde{E}$ の奇数次，$\varDelta N$ は偶数次の関数になることがわかる。したがって，

$$\tilde{P}=\varepsilon_0\chi\tilde{E} \tag{9.16}$$

と書くとき，非線形感受率 χ は $\tilde{E}$ の偶数次の関数になる。χ の実部を χ'，虚部を $-\chi''$ とし，$\tilde{E}=|\tilde{E}|\,\mathrm{e}^{i\phi}$ と書けば，単一モード発振の振幅と位相をきめる式は，基礎方程式(9.14 a)の実部と虚部から，それぞれ

$$\left(\frac{\mathrm{d}}{\mathrm{d}t}+\kappa+\frac{\omega}{2}\chi''\right)|\tilde{E}|=0 \tag{9.17 a}$$

$$\frac{\mathrm{d}\phi}{\mathrm{d}t}+\omega-\varOmega+\frac{\omega}{2}\chi'=0 \tag{9.17 b}$$

となる。慣例上，吸収体に対して χ'' が正になるように χ の虚部を $-\chi''$ としたので，反転分布媒質では χ'' は負である。

9.2.1 定常発振

まず，単一モード定常発振レーザーの周波数と振幅とを求めよう。定常発振では $\mathrm{d}\tilde{E}/\mathrm{d}t=0$，$\mathrm{d}\tilde{P}/\mathrm{d}t=0$ であるから，(9.14 a)と(9.14 b)とを辺々相乗し，共通の $\tilde{P}\tilde{E}$ を除くと

§9.2 単一モード発振　　181

$$[\kappa+i(\omega-\Omega)][\gamma+i(\omega-\omega_0)] = \frac{\omega}{2\varepsilon_0\hbar}|\mu_{12}|^2\varDelta N_{\mathrm{th}} \tag{9.18}$$

となる．ただし§6.2で述べたように定常発振時の反転分布はしきい値に等しいから $\varDelta N_{\mathrm{th}}$ と書いた．この式の右辺は実数だから，両辺の虚数部は

$$(\omega-\Omega)\gamma+(\omega-\omega_0)\kappa = 0 \tag{9.19}$$

であって，これから**発振角周波数**を求めると

$$\omega = \frac{\Omega\gamma+\omega_0\kappa}{\gamma+\kappa} \tag{9.20}$$

となる．

　この式は，第5章で2枚の平面鏡の間の平面波レーザー発振について求めた (5.53) と同じであるが，ここでは平面波だけでなく，任意の波面の共振モードに対して成り立つことがわかった．また発振周波数は励起の強さやレーザー発振の強度に依存しない．これは，スペクトル線も光共振器の共振もローレンツ形だからであって，不均一広がりによってスペクトル線の形が変わると，レーザー発振の周波数は発振強度によって変わるようになる．もちろん励起が強いときに媒質の温度が上がってスペクトル線の幅 γ が大きくなったり，非線形吸収があって光の強さとともに共振損失 κ が変わるときには，γ や κ の変化に応じて(9.20)に従って発振周波数が変わることになる．

　レーザー発振の強度は(9.18)の実部と(9.14 c)から定まる．(9.18)の実部は

$$\kappa\gamma-(\omega-\Omega)(\omega-\omega_0) = \frac{\omega}{2\varepsilon_0\hbar}|\mu_{12}|^2\varDelta N_{\mathrm{th}}$$

であるから，(9.19)を用いて $(\omega-\Omega)$ を消去して計算すれば，定常発振時の反転分布，すなわち**反転分布のしきい値**が

$$\varDelta N_{\mathrm{th}} = \frac{2\varepsilon_0\hbar\kappa}{\omega|\mu_{12}|^2\gamma}\left[(\omega-\omega_0)^2+\gamma^2\right] \tag{9.21}$$

と表わされる．これはレート方程式から求めた(6.6)と一致する．なぜなら，ローレンツ形のスペクトル線では(4.36)と(4.43)を用いると

$$B(\omega) = Bg(\omega) = \frac{|\mu_{12}|^2}{\varepsilon_0\hbar^2}\cdot\frac{\gamma}{(\omega-\omega_0)^2+\gamma^2} \tag{9.22}$$

となるからである．

182　第9章　レーザー発振の理論

次に(9.14 c)の右辺を計算するのに，定常状態では(9.14 a)から

$$\tilde{P} = -\frac{2\varepsilon_0}{i\omega}[\kappa + i(\omega - \Omega)]\tilde{E}$$

となるので，

$$\tilde{P}^*\tilde{E} - \tilde{P}\tilde{E}^* = \frac{4\varepsilon_0\kappa}{i\omega}|\tilde{E}|^2$$

である．そこで(9.14 c)から

$$\Delta N^{(0)} - \Delta N_{\mathrm{th}} = \frac{8\varepsilon_0 A\kappa\tau}{\hbar\omega}|\tilde{E}|^2$$

したがって

$$|\tilde{E}|^2 = \frac{\hbar\omega}{8\varepsilon_0 A\kappa\tau}(\Delta N^{(0)} - \Delta N_{\mathrm{th}}) \tag{9.23}$$

または

$$|\tilde{E}|^2 = \frac{1}{4\varepsilon_0 AB(\omega)\tau}\left(\frac{\Delta N^{(0)}}{\Delta N_{\mathrm{th}}} - 1\right) \tag{9.24}$$

が得られる．もしもモード体積 V_0 の中で光電場の大きさが一定であるとすれば，体積 V_0 の中では $|U(\boldsymbol{r})| = 1$ となるので，$A = 1$ である．また，発振光のエネルギー密度 W は(9.1)を用いて計算すると，単一モードでは

$$W = \frac{1}{2}\varepsilon_0|E(\boldsymbol{r}, t)|^2 + \frac{1}{2}\mu_0|H(\boldsymbol{r}, t)|^2$$
$$= 2\varepsilon_0|\tilde{E}|^2 \tag{9.25}$$

と表わされる．したがって，$A = 1$，$|U(\boldsymbol{r})|^2 = 1$ の場合には，(9.23)はレート方程式から求めた(6.11 a)に帰着する．

9.2.2　ファンデルポール方程式

1934年ファンデルポール(van der Pol)は真空管発振器の特性を理論的に研究するため，次のような非線形振動方程式を立てた．それがファンデルポール**方程式**とよばれるもので，振幅を x，固有角周波数を Ω とするとき

$$\frac{\mathrm{d}^2 x}{\mathrm{d}t^2} - (a - bx^2)\frac{\mathrm{d}x}{\mathrm{d}t} + \Omega^2 x = 0 \tag{9.26}$$

と表わされる．a と b は通常正の定数（パラメーター）である．これは電子回路

§9.2 単一モード発振　183

の発振だけでなく，機械系，生態系などいろいろの自励発振現象を記述し，さらに外力の摂動を右辺に加えることによって強制振動を記述することもできる．レーザーの理論では，回転波近似 と SVEA(§ 8.6, p. 166 参照) を用い，次のように複素振幅についての 1 階微分方程式にしたものが使われている．

単一モード発振の基礎方程式(9.14)を用いて非定常発振の時間的変化を調べるが，式を短くするために，レーザーはスペクトル線の中心周波数で発振しているものとする．そこで $\Omega = \omega_0 = \omega$ とおいて，(9.14 a) とこれを t で微分した式とを(9.14 b)に代入して $\tilde{P}$ を消去すれば，

$$\frac{\mathrm{d}^2\tilde{E}}{\mathrm{d}t^2} + (\kappa+\gamma)\frac{\mathrm{d}\tilde{E}}{\mathrm{d}t} + \kappa\gamma\tilde{E} = \frac{\omega}{2\varepsilon_0\hbar}|\mu_{12}|^2 \Delta N\tilde{E} \qquad (9.27\,\text{a})$$

となる．次に(9.14 a)を用いて(9.14 c)の右辺の $\tilde{P}$ を消去すれば，

$$\frac{\mathrm{d}\Delta N}{\mathrm{d}t} + \frac{1}{\tau}(\Delta N - \Delta N^{(0)}) = -\frac{4\varepsilon_0 A}{\hbar\omega}\left(\frac{\mathrm{d}}{\mathrm{d}t}|\tilde{E}|^2 + 2\kappa|\tilde{E}|^2\right) \quad (9.27\,\text{b})$$

が得られる．

そこで§8.6で述べた SVEA と同様に

$$\left|\frac{\mathrm{d}\tilde{E}}{\mathrm{d}t}\right| \ll \gamma|\tilde{E}|, \qquad \left|\frac{\mathrm{d}\tilde{E}}{\mathrm{d}t}\right| \ll \kappa|\tilde{E}| \qquad (9.28)$$

であるとすれば，(9.27 a)で $\mathrm{d}^2\tilde{E}/\mathrm{d}t^2$ を省略し，(9.27 b)では $\mathrm{d}|\tilde{E}|^2/\mathrm{d}t$ を省略することができるので，(9.27 a)と(9.27 b)はそれぞれ

$$(\kappa+\gamma)\frac{\mathrm{d}\tilde{E}}{\mathrm{d}t} + \kappa\gamma\tilde{E} = \frac{\omega}{2\varepsilon_0\hbar}|\mu_{12}|^2 \Delta N\tilde{E}$$

$$\tau\frac{\mathrm{d}\Delta N}{\mathrm{d}t} + \Delta N = \Delta N^{(0)} - \frac{8\varepsilon_0 A\kappa\tau}{\hbar\omega}|\tilde{E}|^2$$

となる．両式から ΔN を消去すれば

$$\left(\tau\frac{\mathrm{d}}{\mathrm{d}t}+1\right)\left[\left(\frac{\kappa+\gamma}{\tilde{E}}\right)\frac{\mathrm{d}\tilde{E}}{\mathrm{d}t} + \kappa\gamma\right] = \frac{\omega}{2\varepsilon_0\hbar}|\mu_{12}|^2\left[\Delta N^{(0)} - \frac{8\varepsilon_0 A\kappa\tau}{\hbar\omega}|\tilde{E}|^2\right]$$

となるが，$|\tau\mathrm{d}\tilde{E}/\mathrm{d}t| \ll |\tilde{E}|$ として 2 次の項を省略し，(9.21)で $\omega = \omega_0$ とおいたものを代入すれば

$$(\kappa+\gamma)\frac{\mathrm{d}\tilde{E}}{\mathrm{d}t} - \kappa\gamma\left(\frac{\Delta N^{(0)}}{\Delta N_{\text{th}}}-1\right)\tilde{E} + \frac{4A\kappa\tau}{\hbar^2}|\mu_{12}|^2|\tilde{E}|^2\tilde{E} = 0 \qquad (9.29)$$

184 第9章 レーザー発振の理論

が得られる. そこで

$$L = \frac{\kappa\gamma}{\kappa+\gamma}, \qquad G = \frac{\Delta N^{(0)}}{\Delta N_{\mathrm{th}}}L, \qquad S = \frac{4A\kappa\tau}{\hbar^2(\kappa+\gamma)}|\mu_{12}|^2 \qquad (9.30)$$

とおけば, (9.29)は

$$\frac{\mathrm{d}\tilde{E}}{\mathrm{d}t} + (L-G+S|\tilde{E}|^2)\tilde{E} = 0 \qquad (9.31)$$

となる. これがレーザー理論でファンデルポール方程式とよばれているものである. L は減衰率, G は単位時間の振幅増加率, S は飽和を表わすパラメーターである.

(9.31)の解は, $G>L$ のとき, $|\tilde{E}|^2$ が小さい間は $|\tilde{E}| \propto e^{(G-L)t}$ で成長するが, $|\tilde{E}|^2$ が大きくなると, $|\tilde{E}|^2$ は定常値 $(G-L)/S$ に近づく. $(G-L)/S$ は $\omega=\omega_0$ のとき(9.23)または(9.24)と一致する. レーザーに外から光を注入したときの特性や, 雑音のあるレーザーの発振特性は, (9.31)の右辺に注入光や雑音の寄与を表わす摂動項をおいて論じることができる. 注入された光電場が

$$\tilde{E}_i\, e^{i\omega_i t}+\mathrm{c.\,c.}$$

で表わされるようなコヒーレントな光の場合には, (9.31)は角周波数 ω の複素振幅に対して求めた微分方程式であるから, 摂動項は角周波数 $\omega_i-\omega$ で変化し

$$\frac{\mathrm{d}\tilde{E}}{\mathrm{d}t} + (L-G+S|\tilde{E}|^2)\tilde{E} = \kappa_i\tilde{E}_i\, e^{i(\omega_i-\omega)t} \qquad (9.32)$$

となる. ここで κ_i は入射光の注入率(時間レート)を表わす係数である. (9.32)を用いると, 例えば注入光の角周波数 ω_i を次第に変えていくとき, それがレーザー遷移 ω_0 にある程度近づくと, レーザーの発振周波数が注入光の周波数に等しくなる(引き込まれる)ことや, その際の発振振幅の変化などを論じることができる.

§9.3 多モード発振

多モードで発振するレーザーの半古典的理論の基礎方程式は, 前述のように(9.8), (9.11)および(9.12)である. この3つの連立方程式を用いて多モード発振におけるいろいろの問題を論じることができる. それらの中の基本的現象と

して，ここでは2つの発振モード間の競合と，3つ以上のモードで発振している場合の結合調の発生について述べ，モード同期については次節で説明する．

9.3.1 2モード発振の競合

レーザーが2つのモードでだけ発振するものとすれば，レーザー光の電場は

$$E(\boldsymbol{r}, t) = \tilde{E}_1(t)U_1(\boldsymbol{r})\,e^{i\omega_1 t} + \tilde{E}_2(t)U_2(\boldsymbol{r})\,e^{i\omega_2 t} + \text{c. c.} \tag{9.33}$$

と表わすことができる．そうすると，$\tilde{E}_1(t)$ と $\tilde{E}_2(t)$ の微分方程式は，単一モードについてファンデルポール方程式が使えるものとして，2モード発振の効果を表わす項を直観的な考察によって付加することにより，以下のように得られる．§9.1の基礎方程式から2モード発振の近似でそれと同等の方程式を導き出すことができる*．

発振周波数の異なる2つのモードでは，一般に共振器の減衰率 L もレーザー媒質の振幅増加率 G も異なるので，それぞれ添字1，2をつけて区別する．飽和を表わすパラメーターもそれぞれ S_1, S_2 で表わすが，単一モード発振の場合と同様な自己飽和の他に，2モード発振では**交差飽和**(cross saturation)も起こる．交差飽和というのは，モード1の発振強度が増すとモード2の増幅率が減少し，モード2の発振強度によってモード1の増幅率が減少する効果である．このような交差飽和効果をそれぞれのモードの発振振幅 $\tilde{E}_1$, $\tilde{E}_2$ についてのファンデルポール方程式に入れると，

$$\frac{\mathrm{d}\tilde{E}_1}{\mathrm{d}t} + (L_1 - G_1)\tilde{E}_1 + S_1|\tilde{E}_1|^2\tilde{E}_1 + C_{12}|\tilde{E}_2|^2\tilde{E}_1 = 0 \tag{9.34 a}$$

$$\frac{\mathrm{d}\tilde{E}_2}{\mathrm{d}t} + (L_2 - G_2)\tilde{E}_2 + S_2|\tilde{E}_2|^2\tilde{E}_2 + C_{21}|\tilde{E}_1|^2\tilde{E}_2 = 0 \tag{9.34 b}$$

という形に書き表わされる．ここに，C_{12} と C_{21} が交差飽和を表わすパラメーターである．諸係数，L, G, S, C は共振器のモード分布，レーザー媒質の種類と使用条件，共振器内の配置，励起の強さなどによってきまる．

交差飽和が自己飽和より弱い場合もあれば，自己飽和より強い場合もあって，それぞれの場合の発振の様子は次に述べるように著しく違う．そこで2つに分

---

* 巻末の参考文献[1]～[2]を参照．

けて $C_{12}C_{21} < S_1 S_2$ の場合を**弱結合**(weak coupling)，$C_{12}C_{21} > S_1 S_2$ の場合を**強結合**(strong coupling)とよんでいる．

2モード発振の各モードの発振強度 I_1, I_2 はそれぞれ $|\tilde{E}_1|^2, |\tilde{E}_2|^2$ に比例する．そこで，(9.34a)に $\tilde{E}_1^*$ を乗じた式から

$$\frac{1}{2}\frac{dI_1}{dt} = (G_1 - L_1)I_1 - S_1 I_1^2 - C_{12} I_1 I_2 \qquad (9.35\,\mathrm{a})$$

が得られる．同様にして(9.34b)から

$$\frac{1}{2}\frac{dI_2}{dt} = (G_2 - L_2)I_2 - S_2 I_2^2 - C_{21} I_1 I_2 \qquad (9.35\,\mathrm{b})$$

が得られる．時間微分を˙で書き表わせば，定常状態では $\dot{I}_1 = 0, \dot{I}_2 = 0$ であるから，上の2式は

$$I_1 = 0 \quad \text{または} \quad S_1 I_1 + C_{12} I_2 = G_1 - L_1 \qquad (9.36\,\mathrm{a})$$

$$I_2 = 0 \quad \text{または} \quad C_{21} I_1 + S_2 I_2 = G_2 - L_2 \qquad (9.36\,\mathrm{b})$$

となる．

そこで横軸に I_1，縦軸に I_2 をとってグラフを画くと，図9.2に示すように，(9.36a)は I_2 軸および実線の斜線，(9.36b)は I_1 軸および破線の斜線で表わされるような直線になる．実線の斜線上では $\dot{I}_1 = 0$ であるが，その上右側では $\dot{I}_1 < 0$，下左側では $\dot{I}_1 > 0$ になることは(9.35a)から明らかである．$\dot{I}_2$ については

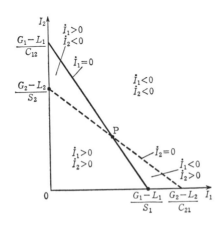

図9.2 2モード発振の各モードの光強度 I_1, I_2 のグラフ

破線の斜線に関して同様の関係にあるから，2つの斜線で区切られた4つの領域における I_1 と I_2 の時間変化は図9.2に記入したようになる．このことから，定常状態を表わす(9.36 a)と(9.36 b)を同時に満足するのは図9.2で黒丸で示す3つの点があるが，安定なのはP点であることがわかる．ただし，これは弱結合の場合である．実線の斜線について見ると，$C_{12} < S_1$ だから I_2 軸の切片が I_1 軸の切片より大きく，破線については反対になっているからである．もちろん，図9.2は G_1 と G_2 の差があまり大きくない場合を画いたもので，G_1 と G_2 の差が大きければ，実線と破線とは I_1 と I_2 が正の値をとる範囲では交わらなくなり，このときには G の大きい方のモードだけで発振する*．

強結合の場合については後に述べることにして，図9.2と同じ弱結合の2モード発振について初期条件の I_1, I_2 をいろいろ変えて数値計算した結果を I_1-I_2 グラフにすると，図9.3に示すようになる．各曲線につけた矢印は，時間変化する向きを示すものである．これらの曲線が(9.36 a)を表わす直線を横切るときには $\dot{I}_1 = 0$ だから垂直になり，(9.36 b)を表わす直線を横切るときには $\dot{I}_2 = 0$ だから水平になっている．このように考えれば，数値計算をしないでも，弱結合の2モード発振強度 I_1, I_2 の変化を示すグラフを画けば，ほぼ図9.3のよう

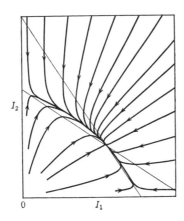

図9.3 弱結合2モード発振の光強度 I_1, I_2 の変化

---

* 厳密にいうと G だけでなく $(G-L)/S$ の大小関係できまるといわなければならない．

になる．

　強結合 $C_{12}C_{21} > S_1 S_2$ の場合には，図 9.2 の代わりに実線の傾斜がゆるく，破線の傾斜が急なグラフになるから，図 9.2 のように三角形に区切られた領域の $\dot{I}_1$ と $\dot{I}_2$ の正負が弱結合の場合の反対になる．そこで，強結合では (9.36 a) と (9.36 b) を表わす 2 つの斜線の交点は不安定な定常状態を表わし，それぞれの $I_2 = 0$ と $I_1 = 0$ との交点が安定点になる．このことは，強結合の場合にいろいろな I_1, I_2 の初期値からの変化を数値計算した結果を示す図 9.4 を見れば，一層明らかである．

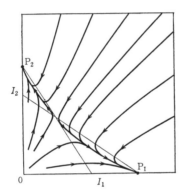

図 9.4　強結合 2 モード発振の光強度 I_1, I_2 の変化

　強結合では，1 つのモードが発振すると他のモードの発振が抑えられ，定常状態では 2 モードが同時には発振しないでどちらか 1 つのモードだけになる．図 9.4 に示す安定点 P_1 ではモード 1 だけの発振，P_2 ではモード 2 だけの発振を表わす．このような**双安定**の発振状態のどちらの状態が実現するかは初期条件による．たとえば，レーザー共振器の周波数を次第に変えていくと，周波数を上げていくときと下げていくときの各モードの発振強度には，図 9.5 に示すようなヒステリシスが起こる．

　2 モード発振では，発振周波数や偏光方向も相互に影響し合う．一般に 2 モード発振の 2 つの周波数は，それぞれのモードの周波数よりは間隔が広がる (mode pushing) ようになる．また偏光面は通常，たがいに垂直な直線偏光で発振するが，これらの詳細は省くことにする．

§9.3 多モード発振　189

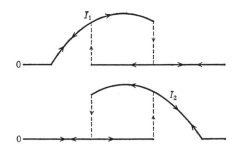

図9.5　強結合2モード発振のヒステリシス

9.3.2　結合調の存在

多モード発振の具体的な例として3モード発振を考え，その発振角周波数を小さい方から順に $\omega_1, \omega_2, \omega_3$ とする．発振モードの周波数間隔は一般に等しくないから，図9.6に示すように，たとえば $\omega_3-\omega_2<\omega_2-\omega_1$ であるとしよう．このとき，電場 $E(\mathbf{r},t)$ と分極 $P(\mathbf{r},t)$ には $\omega_1, \omega_2, \omega_3$ の各成分がある．

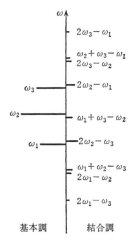

図9.6　3モードの基本調 $\omega_1, \omega_2, \omega_3$ から作られる結合調

多モード発振の基礎方程式の1つ(9.12)によれば，反転分布の時間変化には $e^{i(\omega_k-\omega_j)t}$ の成分があるから，反転分布 $\varDelta N$ は $\omega_k-\omega_j$ の角周波数で変動する．これを**反転分布の脈動**という．3モード発振では，$\varDelta N$ は $\omega_3-\omega_2$ および $\omega_2-\omega_1$ の角周波数で脈動する．そうすると，分極の時間変化をきめる(9.11)の右辺にある $\varDelta N_{nm}\tilde{E}_m$ は $(\omega_k-\omega_j)+\omega_m$ の角周波数で変動するから，これらの角周

190　第9章　レーザー発振の理論

波数で変動する分極を生じ，それによって生じる電場は(9.8)でわかるように同じ角周波数成分をもつ．一般に多モード発振では，k, j, m はそれぞれが1, 2, 3, … の中の任意の値をとるが，その組み合わせの中で $\omega_k - \omega_j + \omega_m$ が $\omega_1, \omega_2, \omega_3, \cdots$ のどれとも等しくならないものを結合調(combination tone)といい，これに対してはじめに考えた発振を基本調(fundamental tone)という．3モード発振では，$\omega_1 < \omega_2 < \omega_3$ とすると，図9.6に示すように下から順に $2\omega_1 - \omega_3, 2\omega_1 - \omega_2, \omega_1 + \omega_2 - \omega_3, \cdots$ と9通りの結合調ができる．そこで，はじめは3モード発振を考えたけれども，それによって9通りの結合調分極を生じ，それに伴って9通りの結合調電場が存在するという多モード発振でなければならない．2モード発振でも同様であって，ω_1 と ω_2 の2つの電場があると反転分布に $\omega_2 - \omega_1$ の脈動を生じ，それによって $2\omega_1 - \omega_2$ と $2\omega_2 - \omega_1$ の結合調電場ができる．

　実はこれで全部ではない．2モード発振で $2\omega_1 - \omega_2$ の結合調ができると，反転分布にさらに $2\omega_1 - 2\omega_2$ の成分の脈動を生じ，$3\omega_1 - 2\omega_2$，$3\omega_2 - 2\omega_1$ の分極と電場ができて，次々に高次の結合調が $\omega_2 - \omega_1$ に等しい間隔で無数に現われる．はじめに3モード発振を考えたときには，より複雑に高次の結合調が無限に現われる．通常われわれが2モード発振とか3モード発振とかいうのは，2つとか3つとかのモードの発振振幅が大きくて，他のモードの発振振幅がずっと弱い場合であって，実際には無限モードの発振になっている．

　別の表現をすれば，単一モード発振では基本方程式(9.8), (9.11), (9.12)を満足する解があるが，有限の2モードや3モードの発振では解が存在しない．単一モードでないとすると，無数のモードにコヒーレントな光電場を発生しているとしなければならないのである．結合調の電場は，そのモードだけでは発振開始条件を満たしていないのだから，それを発振というのはおかしいという考えは，常識的にはもっともらしいけれども，多モード発振が起こり得るときには各モードについて独立に発振条件を決めることはできない．たとえば2モード発振を考えたとき，弱結合でも強結合でも，図9.3や9.4の2本の斜直線が第1象限の中で交わっていない場合には，常識的には2つのモードのそれぞれが発振条件を満たしているけれども，一方のモードはまったく発振しないで，

単一モードの発振になる．そして，繰り返すことになるが，弱結合で2モードが同時に発振できる場合には，その2モードの他に，弱いけれども多数のモードで発振が起こる．これはパラメトリック発振と考えてもよい．

§9.4 モード同期

レーザーが多モード発振しているとき，発振モード間の周波数の差は一般に等しくない．ファブリー・ペロー共振器の縦モードの共振周波数は等間隔であるが，各モードの発振周波数はレーザー媒質の非線形分散効果などのために，共振器の共振周波数とはいくらか異なるからである．したがって多モード発振レーザーの出力を検波したとき，少しずつ異なるいくつものビート周波数が観測される．しかし，レーザー共振器の中に非線形光学素子を入れたり，変調素子を入れてそれにビート周波数に近い高周波を加えて損失や屈折率を変調したりすると，多モード発振の周波数間隔が等しくなる．これを**モード同期**(mode locking)という．そして，外部から高周波を加えて同期させる場合を**強制モード同期**，外部から信号を加えないでモード同期する場合を**受動モード同期**という．レーザー共振器の中にわざわざ非線形光学素子を入れないでも，レーザー媒質には非線形光学効果があるので，励起条件や共振器の特性を調整すれば，モード同期が起こることがある．これを**自己モード同期**とよんでいる．

自己モード同期は，基本調と結合調の発振が相互に引き込まれることによって起こる．3モード発振の周波数スペクトルの図9.6を見ると，ω_1 と $2\omega_2-\omega_3$，ω_2 と $\omega_1+\omega_3-\omega_2$，$\omega_3$ と $2\omega_2-\omega_1$ は近いところにある．そこで結合調がそれぞれ $\omega_1, \omega_2, \omega_3$ にある程度近づくと周波数が引き込まれて，$\omega_1=2\omega_2-\omega_3$，$\omega_2=\omega_1+\omega_3-\omega_2$，$\omega_3=2\omega_2-\omega_1$ になる．これらはいずれも $\omega_3-\omega_2=\omega_2-\omega_1$ になるから，結合調を含むすべての(原理的には無限の)モードの周波数が等間隔になる．しかし，4つ以上多数の基本調が発振しているときには，必ずしも全部が同時にモード同期しないこともある．

受動モード同期は，同期が起こりやすいように非線形光学素子を用いて強い結合調を発生しているということの他は，自己モード同期と同様であり，用語

192　第9章　レーザー発振の理論

もしばしば混用されている。発生される結合調の強さは，素子の非線形光学係数によるだけでなく，光共振器の中に置かれる位置に著しく依存する。その理由は読者の演習として残しておこう。

強制モード同期では，レーザー共振器の内部に入れた変調器でレーザー光を振幅変調(AM)する場合と周波数変調(FM)する場合とがある。モード n のレーザー光 $E_n \cos \omega_n t$ が角周波数 ω_{mod}，変調度 M で振幅変調されると

$$E_n(1+M \cos \omega_{\mathrm{mod}} t) \cos \omega_n t$$

$$= \frac{M}{2} E_n \cos (\omega_n - \omega_{\mathrm{mod}}) t + E_n \cos \omega_n t + \frac{M}{2} E_n \cos (\omega_n + \omega_{\mathrm{mod}}) t$$

$$(9.37)$$

で表わされるように，角周波数 $\omega_n - \omega_{\mathrm{mod}}$ および $\omega_n + \omega_{\mathrm{mod}}$ の側帯波ができる。この側帯波によって，となりのモード $n-1$ と $n+1$ が引き込まれると，モード同期が起こる。振幅変調では，(9.37)でわかるように両側帯波の位相が同じであるから，変調角周波数 ω_{mod} をモード間隔にほぼ等しくしてモード同期すると，となりのモードの位相がほぼ等しくなる。

このとき，モード同期レーザーの出力は，周期 $2\pi/\omega_{\mathrm{mod}}$ の**パルス列**(pulse train)になる。計算を容易にするために，たとえば $2N+1$ 個のモードが同期して等しい位相と振幅をもっているとするならば，レーザー出力の振幅は

$$E(t) = \sum_{n=-N}^{N} E_0 \cos (\omega_0 + n\omega_{\mathrm{mod}}) t \qquad (9.38)$$

で表わされる。(9.38)を計算すれば

$$E(t) = E_0 \frac{\sin\left[\left(N+\frac{1}{2}\right)\omega_{\mathrm{mod}} t\right]}{\sin\left(\frac{\omega_{\mathrm{mod}}}{2} t\right)} \cdot \cos \omega_0 t$$

となるから，レーザー光の強度の時間変化は

$$I(t) = E_0{}^2 \frac{\sin^2\left[\left(N+\frac{1}{2}\right)\omega_{\mathrm{mod}} t\right]}{\sin^2\left(\frac{\omega_{\mathrm{mod}}}{2} t\right)} \qquad (9.39)$$

となる．(9.39) は $t=0$ および $T=2\pi/\omega_{\mathrm{mod}}$ の周期で最大値 $(2N+1)^2 E_0^2$ をとり，パルス幅がおよそ $T/(2N+1)$ になっている．一例として $N=4$ のときの光強度の波形を図 9.7 に示す．

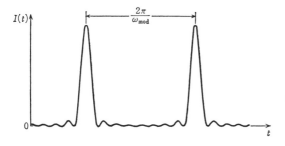

図 9.7 $N=4$ のとき (9.39) で表わされるモード同期出力波形

実際のモード同期レーザーでは，各モードの発振振幅は等しくなくて，たいていは中心のモードで最大で，それから遠ざかるにつれて次第に小さくなっている．また位相も少しずつずれていることが多いので，パルスの形は (9.39) とは違ってすそがなだらかになり，幅が少し広くなるが，だいたいの様子は変わらない．パルス幅は多モード発振しているモード周波数の分布範囲 Δf の逆数に近い値をとるといってもよい．

FM 変調でモード同期するときにも，変調周波数がモード間隔の周波数に近いときには，AM 変調と同じようなモード同期が起こってパルス列が作られる．しかし変調周波数がある程度異なるときには，レーザー光の振幅がほとんど変わらないで，光の位相が ω_{mod} で変動するようなモード同期が起こる．これを FM 同期というが，その解析は参考文献 [1], [3] または原著論文*を参照されたい．

モード同期レーザーの出力パルスが $T=2\pi/\omega_{\mathrm{mod}}$ の周期で出るのは，レーザー共振器の中を1つのパルスが循環しているからである．ファブリー・ペロー共振器では，図 9.8(a) に示すように，2枚の反射鏡の間を光が1往復する時間が T である．図 9.8(b) に示すように，4枚または3枚の反射鏡によって光が巡回する共振器をリング共振器 (ring resonator) とよび，1回りした光の位相

---

* S. E. Harris and O. P. McDuff : *IEEE J. Quantum Electron.*, **QE-1** (1965), 245.

が 2π の整数倍になる周波数で共振する．そこで，リング共振器を1回りする光路長を L とすれば，縦モードの共振周波数 ν_n は

$$L = n\lambda = n\frac{c}{\nu_n} \qquad \therefore \quad \nu_n = n\frac{c}{L} \qquad (9.40)$$

で与えられる．ここで n は整数であるから，モード間隔の周波数は c/L，周期は $T=L/c$ となっている．

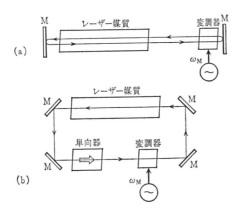

図 9.8 モード同期レーザー．(a) ファブリー・ペロー共振器レーザー，(b) リング共振器レーザー．

　リング共振器を用いたレーザーをリングレーザーとよぶ．リングレーザーに図 9.8(b) に示すように変調器を入れると $2\pi/\omega_{\mathrm{mod}}$ が L/c にほぼ等しいときにモード同期が起こり，$T=2\pi/\omega_{\mathrm{mod}}$ の間隔の出力パルスが得られる．ファブリー・ペロー形のレーザーでは，光のパルスがレーザー媒質と変調器を左右の両方向に通り抜けるのに対し，リングレーザーでは一方向だけに光がまわるようにすることができるので，共振器の中の各部分にある原子とレーザー光との相互作用が同等になる．したがって詳細な理論的解析も容易であり，実験的にも良い特性が得られる．

　リングレーザーでモード同期が起こる機構は，次のように説明することもできる．リング共振器の中にある変調器の吸収が周期 T で変動すると，吸収が大きくなった時刻に変調器を通り抜けた光は，リングを1回りして再び変調器を通り抜けるときにも大きく吸収され，次第に弱められてしまう．これと反対

§9.5 気体レーザーの理論　　195

に，吸収が小さくなった時刻に変調器を通り抜ける光は，リングをまわるとき にいつも変調器の吸収が小さいので，レーザー媒質によって充分に増幅され， 最終的には，この位相のところにだけ強い光のかたまりができてリングの中を 循環する．この光のエネルギーの一部が反射鏡を透過して外部に出てくるので， モード同期レーザーの出力は，周期 T の光のパルス列になる．

　非線形吸収媒質を用いる受動モード同期も，同じように時間的なレーザーの 動作を考えて説明することができる．図9.8の変調器の代わりに非線形吸収媒 質を置いたとしよう．レーザー光の強さは完全に一定ではなくて，必ず小さな 変動があるはずである．光が強いときには非線形吸収媒質は飽和するので吸収 率が小さくなる．そこで共振器の中を循環しているレーザー光の分布に強弱が あると，循環を繰り返すうちに強いところはますます強く，弱いところはます ます弱くなる．結局定常状態では，強い光が1か所(ときには2か所)にかたま ってモード同期が成立する．このようなモード同期によって得られるパルス幅 は，レーザー媒質の利得の帯域幅だけでなく，その分散特性および非線形吸収 体の分光特性や緩和特性などによってきまる．

　レーザー媒質の緩和時間が比較的短い(およそ $2\pi/\omega_{mod}$ より短い)ときには， 変調器を用いないで，レーザー媒質の反転分布を角周波数 ω_{mod} で変調するこ とによって強制モード同期を実現することができる．これを**同期ポンピング** (synchronous pumping)または**利得変調**(gain modulation)という．共振器の 中に余分の素子がなく，また緩和時間の短いレーザー媒質は帯域幅が広いので， 極めて幅のせまいモード同期光パルスを得やすい．色素レーザーを同期ポンピ ングすることによって，安定にサブピコ秒(10^{-12} 秒以下のパルス幅)の高速繰 返しパルスを発生することもできる．

§9.5　気体レーザーの理論

　気体では，構成分子(原子)がそれぞれランダムに運動しているので，§8.4で 述べたように，ドップラー効果によってスペクトル線が不均一に広がる．2準 位の間に反転分布をもつ気体分子がファブリー・ペロー共振器の中にあるレー

196 第9章 レーザー発振の理論

ザーでは，単一モードで発振しているときでも，各気体分子はドップラー効果のために2つの周波数の電場を受ける．そのために気体レーザーの理論は原子が静止している普通のレーザーの理論よりも複雑になり，気体レーザーにはラムディップ(Lamb dip)のように他のレーザーにはない発振特性が現われる．

気体レーザーの理論は，まず3次近似理論が1962～1963年ラム(Lamb)によって詳細に研究され[*]，その後大振幅理論が1969～1970年に展開された[**]．磁場をかけた気体レーザー(ゼーマンレーザー)やリングレーザーの多モード発振の理論もあるが，ここでは単一モード発振気体レーザーの基本的な特性について調べる．

9.5.1 定在波内の気体分子の密度行列

2枚の平行平面反射鏡の間に単一モードの平面定在波ができる場合，反射面に垂直にz軸をとることにする．$+z$と$-z$方向に進む平面波を重ね合わせてできる定在波の電場は，実数振幅Eを用いて

$$E(z, t) = E\cos(\omega t + \varphi - kz) + E\cos(\omega t + \varphi + kz)$$
$$= 2E\cos(\omega t + \varphi)\cos kz \tag{9.41}$$

と表わされる．$k = \omega/c$は§3.4で述べたように，反射鏡の間隔をLとすれば$k = n\pi/L$(nは整数)である．ただし，式を対称的に書いた方が便利なので，ここでは定在波の腹が$z = 0$になるように座標の原点をとった．

分子速度のz成分をvとすれば，$t = 0$で$z = z_0$にいた分子が次に衝突するまでの位置zは

$$z = z_0 + vt$$

で与えられる．そうすると，(9.41)の中のkzに上式を代入してみれば明らかなように，運動している分子の受ける電場は

$$E^{(v)} = E\cos[(\omega - kv)t + \varphi - kz_0]$$
$$+ E\cos[(\omega + kv)t + \varphi + kz_0] \tag{9.42}$$

---

[*] W. E. Lamb, Jr.: *Phys. Rev.*, **134**(1964), A 1429.

[**] 巻末の参考文献[1], [3]を参照.

§9.5 気体レーザーの理論　197

となり，$\omega-kv$ と $\omega+kv$ の2つの角周波数成分をもつ．そこで反転分布には，角周波数 $2kv$ の脈動が現われる．

　密度行列を用いてこのような気体分子の分極を計算するのに，2準位モデルよりは実際の気体レーザーをよく近似するため，レーザー遷移の上下準位だけでなく，その他の励起準位や基底準位をひとまとめにして熱浴の準位として考える．そしてレーザー遷移の下準位1と上準位2から熱浴への緩和は分子数の分布とは無関係に，それぞれ緩和定数 γ_1 と γ_2 で表わされると仮定する*．このときには，第7章で論じた2準位原子の場合と違って，上下準位の分布数の和 N_2+N_1 または $\rho_{22}+\rho_{11}$ は一定ではなく，時間的に変わる．

　密度行列の運動方程式(7.39)に緩和項を加え，摂動 $\mathcal{H}'$ は電場(9.41)と分子の双極子モーメント演算子 μ により

$$\mathcal{H}' = -\mu E(z,t) \tag{9.43}$$

で与えられるものとする．しかし，(9.41)のように空間的に変わる電場の中を運動する分子の密度行列の時間変化 $d\rho/dt$ を表わすには，流体力学におけるオイラーの運動方程式の場合と同様に

$$\frac{\mathrm{d}}{\mathrm{d}t} = \frac{\partial}{\partial t} + v\frac{\partial}{\partial z}$$

としなければならない．そうすると，固有角周波数 ω_0 をもつ2準位についての密度行列要素の微分方程式は

$$\left(\frac{\partial}{\partial t}+v\frac{\partial}{\partial z}\right)\rho_{11}+\gamma_1(\rho_{11}-\rho_{11}{}^{(0)}) = \frac{i}{\hbar}\mathcal{H}_{21}{}'\rho_{12}+\text{c.c.} \tag{9.44 a}$$

$$\left(\frac{\partial}{\partial t}+v\frac{\partial}{\partial z}\right)\rho_{22}+\gamma_2(\rho_{22}-\rho_{22}{}^{(0)}) = -\frac{i}{\hbar}\mathcal{H}_{21}{}'\rho_{12}+\text{c.c.} \tag{9.44 b}$$

$$\left(\frac{\partial}{\partial t}+v\frac{\partial}{\partial z}-i\omega_0\right)\rho_{12}+\gamma\rho_{12} = -\frac{i}{\hbar}\mathcal{H}_{12}{}'(\rho_{22}-\rho_{11}) \tag{9.44 c}$$

と表わされる．ただし γ は横の緩和定数を表わし，位相の緩和だけを起こすような分子間衝突が存在しないときは $\gamma=\frac{1}{2}(\gamma_1+\gamma_2)$ であるが，実際の気体では通常 $\gamma>\frac{1}{2}(\gamma_1+\gamma_2)$ である．また $\rho_{11}{}^{(0)}$ および $\rho_{22}{}^{(0)}$ は光電場の摂動がないとき

---

　* §8.2ではレート方程式近似でこのような準2準位原子の飽和吸収を論じた．

198　第9章　レーザー発振の理論

の ρ_{11} および ρ_{22} の定常値を表わし，ポンピングによって反転分布を作っているときには，

$$\Delta\rho^{(0)} = \rho_{22}^{(0)} - \rho_{11}^{(0)} > 0 \tag{9.45}$$

となっている.

　分子は速度分布をもっているので，まず速度成分が v と $v+dv$ の間にある $N(v)dv$ 個の分子群だけについて密度行列を計算し，その後で全速度分布にわたって積分して気体の分極や反転分布を求めることにする．実験室系(静止系)で表わした密度行列の運動方程式(9.44)を分子と同じ速さで運動($z=z_0+vt$)する運動系で見ると，運動系に対して分子は静止しているように見えるから，(9.44)の代わりに

$$\left(\frac{\partial}{\partial t}+\gamma_1\right)(\rho_{11}-\rho_{11}^{(0)}) = iV^*\rho_{12}+\text{c. c.} \tag{9.46 a}$$

$$\left(\frac{\partial}{\partial t}+\gamma_2\right)(\rho_{22}-\rho_{22}^{(0)}) = -iV^*\rho_{12}+\text{c. c.} \tag{9.46 b}$$

$$\left(\frac{\partial}{\partial t}+\gamma-i\omega_0\right)\rho_{12} = -iV(\rho_{22}-\rho_{11}) \tag{9.46 c}$$

と表わされる．ただし $\hbar V$ は運動系で見た摂動であって，分子の受ける電場が(9.42)に示す $E^{(v)}$ だから

$$\hbar V = -\mu_{12}E^{(v)}$$

である．そこで

$$x = \frac{\mu_{12}E}{\hbar}e^{i\varphi}, \quad \phi = kvt+kz_0 \tag{9.47}$$

とおけば，(9.42)から

$$V = -\cos\phi(x\,e^{i\omega t}+\text{c. c.}) \tag{9.48}$$

と表わされる.

9.5.2　逐次近似解

　このように書き換えても，(9.47)に示すように ϕ は時間の関数であって V は2つの周波数成分をもつから，(9.46)の解を解析的に求めることはできないが，次のように逐次計算するのが容易になる．前にも述べたように ρ_{12} は x の

§9.5　気体レーザーの理論　　199

奇数次，ρ_{11} と ρ_{22} は偶数次の項で表わされるから

$$\rho_{12} = \rho_{12}{}^{(1)}x + \rho_{12}{}^{(3)}|x|^2 x + \cdots \qquad (9.49\text{ a})$$

$$\rho_{11} = \rho_{11}{}^{(0)} + \rho_{11}{}^{(2)}|x|^2 + \cdots \qquad (9.49\text{ b})$$

$$\rho_{22} = \rho_{22}{}^{(0)} + \rho_{22}{}^{(2)}|x|^2 + \cdots \qquad (9.49\text{ c})$$

とおくことができる．ここでは定常発振だけを考えることにして，(9.49)を(9.46)に代入して低次の項から順に解を求めよう．

まず，2次以上の項を無視する第1近似では，(9.46 c)の右辺が $-iV\varDelta\rho^{(0)}$ となるから，(9.47)と(9.48)を用い

$$\rho_{12}{}^{(1)} = \frac{i}{2}\varDelta\rho^{(0)}\,e^{i\omega t}\left(\frac{e^{i\phi}}{\gamma+i(\omega-\omega_0+kv)} + \frac{e^{-i\phi}}{\gamma+i(\omega-\omega_0-kv)}\right) \quad (9.50)$$

が得られる．次に(9.46 a)の ρ_{12} として，この第1近似(9.50)を用いると，第2近似の ρ_{11} が求められ

$$\rho_{11}{}^{(2)} = \frac{\varDelta\rho^{(0)}}{4\gamma_1}\left\{\frac{1-\dfrac{i\gamma_1}{2kv}\,e^{2i\phi}}{\gamma+i(\omega-\omega_0+kv)} + \frac{1+\dfrac{i\gamma_1}{2kv}\,e^{-2i\phi}}{\gamma+i(\omega-\omega_0-kv)}\right\} + \text{c.c.} \quad (9.51)$$

となる．同様にして(9.46 b)から $\rho_{22}{}^{(2)}$ を計算すると上式の γ_1 を γ_2 でおき換え，全体の符号を変えた式になる．(9.51)を見ると，ϕ が時間的には kvt で変わるから，分子数の分布が角周波数 $2kv$ で脈動すること(population pulsation)を示している．静止系にもどして考えると $\phi=kz$ になるから，速度分布があっても分子数の分布が z 方向に周期が $2\pi/2k=\lambda/2$ の波形になる．λ は光の波長であって，図9.9に示すように定在波の腹の間隔が半波長であるから，それに応じて分子数の分布が変化するのである．これを**空間的ホールバーニング**という．

多モード発振では，モード間のビート周波数の波長に相当する長周期の空間的ホールバーニングも生じるが，単一モード発振では極めて短周期なので，普通の気体レーザーではその影響を無視することができる．そうすると，2次近似の反転分布 $\varDelta\rho^{(2)}=\rho_{22}{}^{(2)}-\rho_{11}{}^{(2)}$ は

$$\varDelta\rho^{(2)} = -\tau\varDelta\rho^{(0)}\left\{\frac{\gamma}{\gamma^2+(\omega-\omega_0+kv)^2} + \frac{\gamma}{\gamma^2+(\omega-\omega_0-kv)^2}\right\} \quad (9.52)$$

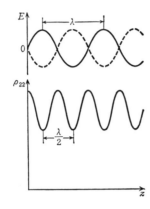

図 9.9 定在波による空間的ホールバーニング

となる．ただし τ は縦緩和時間であって

$$\tau = \frac{1}{2}\left(\frac{1}{\gamma_1} + \frac{1}{\gamma_2}\right) \tag{9.53}$$

である．(9.52)は，角周波数 ω のレーザー光によって，分子の速度分布が

$$v = \pm\frac{\omega-\omega_0}{k}$$

のところで上準位は減少し，下準位は増すことを示している．そこで速度分布のホールバーニングは図8.7の N_1 と N_2 が入れ代わり，v について対称になる．

次に第3近似を計算するには，(9.46c)の右辺で $\rho_{22}-\rho_{11}=\varDelta\rho^{(0)}+\varDelta\rho^{(2)}|x|^2$ とおけば

$$\rho_{12}{}^{(3)} = \frac{i}{2}\varDelta\rho^{(2)} e^{i\omega t}\left\{\frac{e^{i\phi}}{\gamma+i(\omega-\omega_0+kv)} + \frac{e^{-i\phi}}{\gamma+i(\omega-\omega_0-kv)}\right\} \tag{9.54}$$

が得られるので，これに(9.52)を代入すればよい．このようにして，順次に高次の解を計算することができる．

こうして速度成分 v をパラメーターとして $\rho_{12}(v)$ が求められたならば，分子の速度と位置の分布について $\rho_{12}(v)\mu_{21}+\mathrm{c.c.}$ を積分すれば，気体の分極が得られる．その計算は一般に容易でないから，まず速度成分が v と $v+dv$ の間にある分子だけについての非線形感受率 $\chi(v)$ を求めることにする．そして後から $\chi(v)$ を速度分布について積分する．$\chi(v)$ を $E^2=\hbar^2|x|^2/|\mu_{12}|^2$ で展開して

§9.5 気体レーザーの理論 201

$$\chi(v) = \chi^{(1)}(v) + \chi^{(3)}(v)E^2 + \cdots \tag{9.55}$$

とすれば，線形感受率は (9.50) から

$$\chi^{(1)}(v) = \frac{i}{2\varepsilon_0\hbar^3}|\mu_{12}|^2 N(v)\varDelta\rho^{(0)}\left\{\frac{1}{\gamma+i(\omega-\omega_0+kv)}+\frac{1}{\gamma+i(\omega-\omega_0-kv)}\right\} \tag{9.56}$$

となる．3次の非線形感受率は (9.54) と (9.52) から計算すれば

$$\chi^{(3)}(v) = -\frac{i\tau}{2\varepsilon_0\hbar^3}|\mu_{12}|^4 N(v)\varDelta\rho^{(0)}\left\{\frac{\gamma}{\gamma^2+(\omega-\omega_0+kv)^2}+\frac{\gamma}{\gamma^2+(\omega-\omega_0-kv)^2}\right\}$$

$$\times\left\{\frac{1}{\gamma+i(\omega-\omega_0+kv)}+\frac{1}{\gamma+i(\omega-\omega_0-kv)}\right\} \tag{9.57}$$

と表わされる．同様の手続きでさらに高次の計算が進められる．

気体分子の速度がマクスウェル・ボルツマン分布をしているときには，(8. 36) を用いて (9.56) や (9.57) を積分することにより，気体の線形感受率や 3 次の非線形感受率を求めることができる．(9.56) を積分した結果は，プラズマ分散関数*を用いて

$$\chi^{(1)} = \int_{-\infty}^{\infty}\chi^{(1)}(v)dv = -\frac{N\varDelta\rho^{(0)}}{\varepsilon_0\hbar ku}|\mu_{12}|^2 Z(\zeta)$$

$$\zeta = \frac{\omega_0-\omega+i\gamma}{ku} \tag{9.58}$$

と表わされる．高次の計算は長くなるので省き，ドップラー極限近似で $\chi^{(1)}$ と $\chi^{(3)}$ を求めておこう**．均一幅にくらべてドップラー幅が広く，$\gamma \ll ku$ のときには，$\xi=(\omega_0-\omega)/ku$ とおくと

$$\chi^{(1)} = -\frac{\sqrt{\pi}N\varDelta\rho^{(0)}}{\varepsilon_0\hbar ku}|\mu_{12}|^2\,\mathrm{e}^{-\xi^2}\left[\frac{2}{\sqrt{\pi}}\int_0^\xi \mathrm{e}^{x^2}\,\mathrm{d}x-i\right] \tag{9.59}$$

と書ける．3次の非線形感受率は

$$\chi^{(3)} = -\frac{\sqrt{\pi}N\varDelta\rho^{(0)}\tau}{2\,\varepsilon_0\hbar^3 ku}|\mu_{12}|^4\,\mathrm{e}^{-\xi^2}\left(\frac{i}{\gamma}+\frac{1}{\omega-\omega_0-i\gamma}\right) \tag{9.60}$$

となる．

---

* §8.4 参照．

** 高次の計算は，*Jpn. J. Appl. Phys.*, **10**(1971), 460 に出ている．

202 第9章 レーザー発振の理論

9.5.3 3次近似の出力特性(Lamb dip)

反転分布気体の非線形感受率がわかれば, (9.17)を使って気体レーザー単一モード発振の振幅と周波数とを求めることができる. 簡単のため, 気体媒質はレーザー共振器内の全体にわたって均一に存在するものとする*. そうすると, 発振モードの振幅 $\tilde{E}$ とそのモードの分極 $\tilde{P}$ との関係は, 上に計算した各部分の非線形感受率 χ を用いて

$$\tilde{P} = \varepsilon_0 \chi \tilde{E} \tag{9.61}$$

とすることができる. 平面定在波の光電場(9.41)は, モード関数を

$$U(r) = \cos kz \tag{9.62}$$

とすれば

$$\tilde{E} = E\,\mathrm{e}^{i\varphi}, \qquad x = \frac{\mu_{12}\tilde{E}}{\hbar}$$

となっている. そこで

$$\chi = \chi^{(1)} + \chi^{(3)} E^2 + \cdots \tag{9.63}$$

の虚部から(9.17a)に従って振幅がきまり, 実部と(9.17b)から発振周波数がきまる. 定常発振では, (9.17a)から

$$\kappa + \frac{\omega}{2}(\chi^{(1)\prime\prime} + \chi^{(3)\prime\prime} E^2 + \cdots) = 0$$

であるから, 3次までの近似では

$$E^2 = \left(-\frac{2\kappa}{\omega} - \chi^{(1)\prime\prime}\right)\Big/\chi^{(3)\prime\prime} \tag{9.64}$$

となる. これに(9.59)の虚部を代入して計算すれば, E^2 の現われるしきい値は $\omega = \omega_0$ のとき

$$\Delta N_{\mathrm{th}} = (N\Delta\rho^{(0)})_{\mathrm{th}} = \frac{2\varepsilon_0\hbar\kappa u}{\sqrt{\pi}\,|\mu_{12}|^2 c} \tag{9.65}$$

となることがわかる. (9.65)が(9.21)で $\omega = \omega_0$ とおいたものの $ku/\sqrt{\pi}\,\gamma$ 倍に

---

* 実際のレーザーでは, 媒質がレーザー管の中に限定され, また励起が決して均一でないから, モード関数との重なりで $\tilde{P}$ が(9.2)の逆変換できまる. したがって χ も同様な重みをつけた平均で表わされる.

なっているのは，線の形がローレンツ形でなくてガウス形のためである.

(9.64)に(9.59)と(9.60)の虚部を代入し，相対的励起の強さを

$$\mathcal{N} = \frac{N\varDelta\rho^{(0)}}{\varDelta N_{\mathrm{th}}}$$

と書けば，発振強度は

$$E^2 = \frac{2\hbar^2\gamma}{|\mu_{12}|^2\tau} \cdot \frac{1-\dfrac{1}{\mathcal{N}}\exp\left(\dfrac{\omega-\omega_0}{ku}\right)^2}{1+\dfrac{\gamma^2}{(\omega-\omega_0)^2+\gamma^2}} \qquad (9.66)$$

で与えられる.

これはドップラー幅kuが大きく，均一幅γが小さい場合の近似であって，周波数を変えたとき，(9.66)の分子は幅広く山形に変わるのに対し，分母はω_0の近くで均一幅の範囲で急に大きくなる．そこで，気体レーザーの共振器の長さを変えて発振周波数を変えるとき，半波長ごとに発振が起こるが，発振強度は図9.10に示すように，中心周波数のところで減少する．このような出力特性のくぼみは，1962年にラムが気体レーザーの理論を立てて予測し，すぐに実験的に確かめられたので，**ラムディップ**(Lamb dip，ラムのくぼみ)とよばれている．

定常発振周波数は(9.17b)で$d\phi/dt=0$とおいて求められ，1次近似では(9.

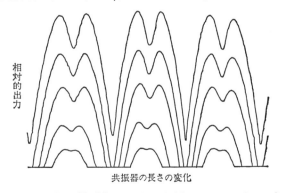

図9.10 1.15 μm He-Ne レーザーで観測されたラムディップ．5本の曲線は励起の強さを少しずつ変えたときの出力特性を示す.

204　第9章　レーザー発振の理論

59)の実部を代入し，(9.65)を用いると，(9.20)または(5.53)と同じ形の周波数引き寄せを表わす式を得ることができる．ただし，(9.20)や(5.53)のγを$(\sqrt{\pi}/2)ku$でおき換えた式になる．3次近似では，χ'がE^2に比例して小さくなるから，発振強度が増すと周波数は共振周波数から離れる．これを**周波数の押し出し**(frequency pushing)という．多モード発振レーザーでは，となり合うモードは発振強度が増すにつれて押し合って周波数が離れるようになるが，これも周波数押し出し効果である．

§9.6　量子力学的レーザー理論

　これまでに述べてきた半古典的レーザー理論では，電磁場(光)のゆらぎを無視しているので，レーザー発振振幅のゆらぎ，すなわちレーザー光の雑音と発振スペクトルの幅は論じられなかった．また，電磁場を量子化しないで古典的に扱ったから，光子統計やその高次の相関などを論じることができなかった．

　これらのいわゆる**量子雑音**(quantum noise)の効果を論じるためには，電磁場も原子もともに量子力学的に取り扱う必要がある．図9.1に示したモデルを使って説明すると，レーザー媒質と励起源および低温の熱浴との相互作用，レーザーと外界との結合について，いずれも自然放出や零点振動を含む量子力学的考察をしなければならない．このような非線形，非平衡，開放系としてレーザーを量子力学的に扱う理論は，1960年代の後半にハーケン(Haken)，ラムらによって展開された．その詳細は参考文献[1]〜[4]にゆずり，ここでは各種の量子力学的レーザー理論を概観しておくだけにする．

　量子力学的には，原子と相互作用する光電場は電磁場の状態関数に作用する**演算子**である．そこで電磁場をモード展開したとき，それは各モードの光子の生成演算子と消滅演算子とによって表わされる．こうして，原子だけでなく光電場も量子化して取り扱うレーザーの問題では，原子数も光子数も1よりもずっと大きな値をとり，原子と光子の系は共振器の損失や結合を通して各部分の熱浴に接し，またレーザー媒質の原子は反転分布を生じるためのポンピングを受けていることなどが特徴である．

§9.6 量子力学的レーザー理論   205

　レーザーの量子力学的理論を立てるときに，熱浴の影響や励起の過程をも系の中に入れて系全体のハミルトニアンを論じることは，半古典的理論の場合よりもさらに一層困難である．また，レーザーの発振振幅を表わす光電場演算子は，古典的振幅のように時間的に連続的に変化する関数として雑音を記述するのではないから，量子力学的計算で扱うゆらぎと，レーザー光を検出したときに観測される出力雑音やスペクトル幅とは，すぐには結びつかない．そこで各種のモデルや適当な近似を用いた量子力学的レーザー理論がある．

　第1の方法は古典的なランジェバン(Langevin)の式に対応させた理論である．レーザー媒質の原子と熱浴および励起源との間の相互作用によるゆらぎを半現象論的にランジェバン力，すなわちランダムに作用する擾乱の形に記述する．これを摂動として取り扱って，量子力学的ハイゼンベルグ(Heisenberg)方程式を解くのである．この方法のレーザー理論は，1966年ハーケンとその協同研究者によって展開された．

　第2の方法はシュレーディンガー表現を用い，熱浴の作用を消去して**光子数確定状態**を基準状態にとって，一般の密度行列を表現するレーザー理論である．この方法は従来の大部分の量子力学的な問題と同じように，電磁場を光子数確定状態で展開して取り扱うので，取りつき易いが，レーザー光のコヒーレンスは非対角要素で表わされるために扱い難くなるのが欠点であろう．1967年スカリー(Scully)とラムは光子数確定状態を基準にした密度行列からレーザー発振のスペクトル幅を求め，その後さらにレーザーの諸問題に対する理論を発展させている．

　第3の方法は，いわゆる**フォッカー・プランク**(Fokker-Planck)**の式**を用いるものである．1965年リスケン(Risken)はハーケンらの量子力学的レーザー理論を半古典的に解釈し直すことによって，レーザーの電磁場を表わす分布関数を古典的なフォッカー・プランクの式の形に書き改めた．さらにグローバー(Glauber)が1963年に導入した量子力学的コヒーレント状態関数の表現を用い，フォッカー・プランクの式を適用する量子力学的レーザー理論がハーケンを初め多くの研究者によって進められた．

206   第9章　レーザー発振の理論

　これらの量子力学的レーザー理論を用いて，レーザー光の光子計数分布が求められ，実験との比較が行なわれた．また光子計数統計により，量子雑音の高次のモーメントや高次のコヒーレンスが理論的にも実験的にも調べられている．

あ　と　が　き

　レーザー物理の諸問題には，これまでに述べた光学現象やレーザーの特性以外にも，多くの新しい現象や実際的な問題がある．しかし，コヒーレントな強い光と原子との相互作用がレーザー物理の基本的過程であるということができよう．本書に述べられていることを基礎にして，たとえばレーザーのモード制御とか，ゼーマンレーザーの偏光とか，非定常レーザー発振などのいろいろの動作特性，あるいは，各種の非線形光学効果やその利用などを理解することができる．

　ある意味でレーザー物理の中でもっとも基礎的ともいえる量子力学的レーザー理論について，本書では概説しただけであるし，非線形光学効果として代表的な光高調波発生，誘導光散乱，光の自己集束などについても，ほとんど触れなかった．また，最近注目されるようになったレーザー物理の問題には，レーザー発振における各種の不安定性，光学的双安定性(optical bistability)，位相共役(phase conjugation)とその応用，超放射(superradiance)，多光子過程(multiphoton process)あるいは高次のレーザー誘起効果(laser-induced effect)などもある．

　そこで，これらについて進んで調べるための参考書(下記A, B)，およびレーザーの応用や各種レーザーの実例などを調べるための参考書(B, C)を最後に挙げておく．レーザー工学とレーザー応用の入門書(C)としては，最近の数年間に発行された和書を概して一般的なものから順に列挙しておく．

参 考 文 献

A 基礎的参考書

[1] 霜田光一，矢島達夫編著：量子エレクトロニクス，上，裳華房，1972.

[2] H. Haken : *Laser Theory* (Handbuch der Physik, XXV/2 c, ed. L. Genzel), Springer-Verlag, 1970.

[3] M. Sargent III., M. O. Scully and W. E. Lamb Jr.: *Laser Physics*, Addison-Wesley, 1974；霜田光一，岩澤宏，神谷武志訳：レーザー物理，丸善，1978.

[4] D. Marcuse : *Principles of Quantum Electronics*, Academic Press, 1980.

[5] A. Yariv : *Quantum Electronics*, 2nd ed., John Wiley, 1975.

[6] W. H. Louisell : *Quantum Statistical Properties of Radiation*, John Wiley, 1973.

[7] J. H. エバリー，L. アレン，高辻正基：量子光学入門，東京図書，1974.

[8] N. Bloembergen : *Nonlinear Optics*, Benjamin, 1965.

[9] R. Bonifacio, ed.: *Dissipative Systems in Quantum Optics*, Springer-Verlag, 1982.

B ハンドブック

[10] 稲場文男他7氏編：レーザーハンドブック，朝倉書店，1973.

[11] F. T. Arecchi and E. O. Schultz-Dubois : *Laser Handbook*, vol. 1, 2 and 3, North-Holland, 1972 and 1980.

[12] レーザー学会編：レーザーハンドブック，オーム社，1982.

C レーザー工学，レーザー応用の入門書

[13] 電子通信学会編：新版レーザ入門，電子通信学会，1979.

[14] 阿座上孝，岩澤宏，久保宇一，張吉夫，西脇彰：現代レーザ工学，オーム社，1981.

[15] 山中千代衛他：レーザ工学，コロナ社，1981.

[16] 日本物理学会編：レーザー，その科学技術にもたらしたもの，丸善，1978.

[17] 西沢潤一：オプトエレクトロニクス，共立出版，1977.

[18] 藤井陽一：光量子エレクトロニクス，共立出版，1978.

[19] 小山次郎，西原浩：光波電子工学，コロナ社，1978.

[20] 櫛田孝司：量子光学，朝倉書店，1981.

[21] 後藤顕也：オプトエレクトロニクス入門，オーム社，1981.

[22] 末松安晴，伊賀健一：光ファイバ通信入門，オーム社，1976.

[23] 大越孝敬：光ファイバの基礎，オーム社，1977.

[24] 霜田光一編：レーザー分光，学会誌刊行センター，1983.

[25] 小林昭：レーザ加工，開発社，1976.

[26] 渥美和彦他：レーザーの臨床，メディカルプランニング，1981.

索　引

（配列はヘボン式ローマ字による）

A

アインシュタイン
　——の A 係数　　75, 81
　——の B 係数　　75, 81, 83, 97, 98, 130
A 係数
　アインシュタインの——　　75, 81
アンモニア分子線　　90
アレキサンドライトレーザー　　8
Ar イオンレーザー　　4, 8, 10
アルゴンレーザー　　4, 8, 10
圧力広がり　　156

B

BH 構造　　20
B 係数
　アインシュタインの——　　75, 81, 83, 97, 98, 130
ビーム
　——広がり角　　67
　——のくびれ　　64
ビーム半径　　65
ビート　　3
ボーアの条件　　74
ボルツマン分布　　76, 109, 137
分布反転　　90
分子レーザー　　11
ブロッホ方程式　　138
ブルースター角　　43

C

超放射　　207

（右段）

直接遷移　　17
超短光パルス　　5, 16
CO レーザー　　14
CO_2 レーザー　　12
Cu レーザー　　11

D

ダブルヘテロ構造　　20
ダブルヘテロ接合　　20
電気双極子遷移　　125
伝搬定数　　40, 61
DH 構造　　20
Dicke narrowing　　156
同期ポンピング　　195
ドップラー幅　　156
ドップラー広がり　　155
ドップラー効果　　29, 154, 157, 161
ドップラー極限近似　　159, 201

E

エバネッセント波　　45, 47, 57
エキシマーレーザー　　14
エネルギー密度　　4
エネルギー透過率
　光線束の——　　44
遠赤外レーザー　　14
演算子　　79, 125, 132, 133, 197, 204
エルミート・ガウスモード　　63

F

ファブリー・ペロー共振器　　49, 89, 102, 191
ファブリー・ペローの干渉計　　51

212　索　引

ファンデルポール方程式　182, 184
FID　168
フィードバック　98
フィードバック増幅器　99
フィネス　55
FM 同期　193
フォッカー・プランクの式　205
フォトンエコー　170
free spectral range　55
frequency pushing　→周波数の押し出し
FSR　55
不安定共振器　21
不均一広がり　154, 156, 171
複素分極　86
複素電場　41
複素表示　30, 140
複素感受率　86, 104, 152
複素コヒーレンス度　34
複素屈折率　87
複素振幅　31, 41, 66, 69, 125
複素双極子モーメント　133, 136
複素誘電率　49, 86
負温度　90
フレネルの斜方プリズム　48
フレネルの式　44
負抵抗　129

G

ガラスレーザー　7
ガウスビーム　62, 65
ガウス形　6, 83, 156
原子のコヒーレンス　124
グース・ヘンシェンシフト　46, 57

H

波長可変レーザー　16
波長定数　24, 40, 104, 165
波動ベクトル　41

波動関数　79, 124, 132
ハイゼンベルグの方程式　205
発光ダイオード　17
薄膜導波路　56
半値半幅　84
半値全幅　6
半導体レーザー　17, 56, 91, 115, 123
半古典的理論　81, 175
反射　41
反射法則　43
反射係数　41
反射率　43
反転分布　90, 107, 136
　──の脈動　189
　──のしきい値　102, 103, 109, 116, 181
反転分布状態　90
発振条件　100
発振開始電流　18
発振開始条件　109
発振角周波数　105, 181
発振の立上り　113, 115
発振周波数　105, 181, 184, 202, 203
　──のゆらぎ　3
発振スペクトルの幅　3
波数ベクトル　41, 68
He-Cd レーザー　10
He-Ne レーザー　4, 8, 9
偏光　39, 41, 69, 82, 125, 131, 188
ヘルムホルツ方程式　63
ヘテロ接合　18
HF レーザー　15
非放射過程　92
光
　──の速さ　5, 39
　──の自己集束　1, 207
　──の強さ　32
光導波路　56, 62
光エコー　167, 170

索　引　213

光ファイバー　17, 62
光高調波発生　207
光強度（密度）の透過率　44
光共振器　89, 102, 103, 121, 175, 192
光メーザー　1
光パラメトリック発振　21
光ポンピング　90
光励起遠赤外レーザー　14
光励起固体レーザー　7
光章動　167
広がり
　　圧力——　156
　　ドップラー——　155
　　不均一——　154, 156, 171
　　飽和による——　148, 156
　　均一——　156
非線形分散　152, 154, 191
非線形複素感受率　157
非線形感受率　154, 158, 180, 200
非線形光学効果　145, 191, 207
非線形コヒーレント相互作用　164
非線形吸収　148, 152, 195
非線形吸収定数　146
放電励起　9
ホモ接合　18
包絡線　165, 170, 173
ホローカソード放電　10
ホールバーニング　160, 169, 200
　　空間的——　199
放射過程　92
放出　128
放出スペクトル　82
飽和効果　115, 145
飽和光子束　152
飽和吸収　148, 158, 159, 161
飽和吸収定数　152
飽和による広がり　148, 156
飽和パラメーター　149
飽和パワー　149, 152, 159

飽和利得定数　152
HWHM　84

I

インコヒーレント　28, 34, 129
　　——な摂動　136
イオンレーザー　10
色中心レーザー　8
位相共役　207
位相を変える衝突　170
位相定数　24, 40

J

ジャイアントパルス　118
弱結合　186
時間的コヒーレンス　27
実効的パルス幅　121
自己飽和　185
自己コヒーレンス関数　35
自己モード同期　191
自己相関関数　33
自己誘導透過　167, 172
自由電子レーザー　21
自由誘導ビート　169
自由誘導減衰　167, 168
受動モード同期　191
準2準位原子　150
純粋状態　133, 135

K

化学レーザー　15
回転波近似　127, 140, 177, 183
回転座標系　140
確率振幅　125, 131
カノニカル分布　71, 76
間接遷移　17
干渉縞　23, 26, 35, 51, 55
緩和　91, 107
緩和発振　99, 115

214　索　引

緩和時間　109
緩和速度　92,107
緩和定数　92,107
カオス　100
活性層　19
蛍光寿命　92
結合調　189,190,191
輝度温度　5
希ガスハライド　15
基本調　190
均一幅　147,156
均一広がり　156
金属蒸気レーザー　10
期待値　129,132,133
気体原子レーザー　9
気体レーザー　8,115,195
光学的ブロッホ方程式　138
光学的双安定性　207
コヒーレンス　23
　──の長さ　27
　原子の──　124
　時間的──　27
　空間的──　27,29
コヒーレンス度　28,36
　複素──　34
コヒーレンス関数　33
　自己──　35
コヒーレント　2,28,34
　──な摂動　136
コヒーレント長　27
コヒーレント過渡現象　163
コヒーレント相互作用　124,138,145,
　175
交換子　134
黒体放射の式　74
黒体の熱放射　71
混合状態　133,135
交差飽和　185
光線束のエネルギー透過率　44

光子　4,37,72,76,79
光子エコー　170
光子束　151
光子数　76,80,107,204
光子数確定状態　205
光子数密度　4
固体レーザー　6,115,121,123
固有モード　50,68
Kr イオンレーザー　10
空間的ホールバーニング　199
空間的コヒーレンス　27,29
屈折　41
屈折法則　43
屈折率　39,41,49,56,62,87,165
強結合　186
曲率半径　65
強制モード同期　191
吸収　82,89,128
吸収断面積　84,150,161
吸収スペクトル　82
吸収定数　83,87,157,159,163

L

Lamb dip　→ラムディップ
LNP　8

M

マイケルソンの干渉計　25
マクスウェル・ボルツマン分布　155,
　162,201
マクスウェルの方程式　37,58,78,80,
　176
明瞭度　27
メーザー　1,90,176
　光──　1
　赤外──　1
密度行列　131,164,168,196,205
　集団平均の──　133,152
モード　50,59,68,76,102,106,176

索　引　　215

モード同期　191
モード関数　50
モード密度　68,70
モード体積　180

N

熱放射エネルギー　72
熱的脱励起　137
熱的励起　108
2乗平均根速度　155
2準位原子　79,124,129,133,135,153,
　175
2モード発振　185
二酸化炭素レーザー　　→CO_2レーザー
NPP　8
N_2Oレーザー　14
N_2レーザー　11

P

パラメトリック発振　191
パルス発振　5,7,16,21
パルス面積　171,173
パルス列　192
パワー　75
パワー吸収定数　84,100,150,152
パワー密度　4,151
パワー増幅度　96
pn接合　17,90
ポインティングベクトル　49,79
ポンピング　90,107,121,137,198,204
　同期──　195
　光──　90
population pulsation　199
p成分　42
プランクの熱放射式　71,74
プラズマ分散関数　157,201

Q

Q値　102,103,105,113,115,118

Qスイッチ　118

R

ラビの特性角周波数　128
ラビ周波数　128
ラマンレーザー　21,89
ラムディップ　196,203
ラムのくぼみ　196,203
ランジェバンの式　205
零点エネルギー　76
零点振動　204
連続発振　5,7,8,12,16,21
レート方程式　93,95,107,118,150
レーザー
　アレキサンドライト──　8
　Arイオン──　4,8,10
　分子──　11
　CO──　14
　CO_2──　12
　Cu──　11
　エキシマー──　14
　遠赤外──　14
　ガラス──　7
　波長可変──　16
　半導体──　17,56,91,115,123
　He-Cd──　10
　He-Ne──　4,8,9
　HF──　15
　光励起遠赤外──　14
　光励起固体──　7
　イオン──　10
　色中心──　8
　自由電子──　21
　化学──　15
　金属蒸気──　10
　気体──　8,115,195
　気体原子──　9
　固体──　6,115,121,123
　Krイオン──　10

216　索　引

N_2——　11
N_2O——　14
ラマン——　21, 89
リング——　194, 196
ルビー——　6, 115
3準位——　91
紫外——　11
4準位——　91, 94
色素——　15, 91, 195
TEA——　13
YAG(ヤグ)——　4, 6, 7
横励起大気圧——　13
レーザービーム　2
レーザー発振　96, 98, 100, 107, 177
レーザー共振器　3, 12, 68, 111, 115,
191
レーザー誘起効果　207
レーザー増幅　96
リング共振器　193
リングレーザー　194, 196
臨界角　45
利得　96
利得変調　195
利得定数　96, 98, 104
ローレンツ形　83, 87
ルビーレーザー　6, 115
量子力学的コヒーレント状態関数
205
量子力学的レーザー理論　204
量子雑音　204

S

サブピコ秒　5, 195
最確速度　155
歳差運動　138, 139, 171
最小ビーム半径　64
最適結合　112
3準位レーザー　91
赤外メーザー　1

遷移確率　128, 130, 131, 146, 161
遷移双極子モーメント　80
線形感受率　158, 201
線形吸収定数　149
鮮明度　27, 35
尖頭出力　5, 11, 15, 119, 121, 122
遮断波長　62
遮断周波数　61
1/4波長板　48
紫外レーザー　11
4準位レーザー　91, 94
しきい値　101
反転分布の——　102, 109, 116, 181
しきい値電流　18
色素レーザー　15, 91, 195
指向性　2
振動子強度　88
振動双極子モーメント　128
真空紫外　15
振幅反射率　41
振幅吸収定数　83, 147
振幅透過率　41
自然幅　156
自然放出　74, 80, 204
章動　138, 142
章動角周波数　128, 142
小角衝突　170
小信号利得定数　152
消衰定数　49, 87
衝突幅　156
集団平均　131
——の密度行列　133, 152
周波数引き寄せ　106, 204
周波数の押し出し　204
周期的境界条件　51, 69
縮重　75, 97
瞬間的強度　32
シュレーディンガー方程式　80, 124,
134

出力結合係数　111, 112
双安定　1, 188
相互相関関数　34
双極子放射　78
双極子モーメント　78, 124, 125, 131, 136, 142, 197
相対的励起　112, 117, 121, 203
s 成分　42
スペクトル線の形　83
ストライプ構造　20
SVEA　166, 177, 183

T

対角和　132
多光子過程　207
多モード発振　176, 184, 189, 199, 204
単一モード発振　179, 196
炭酸ガスレーザー　→CO_2 レーザー
単色性　3
縦緩和　143
縦緩和時間　138, 151, 156
縦緩和定数　138, 143
縦モード　106, 191, 194
TEA レーザー　13
TE 波　58
定常発振　102, 104, 109, 180, 199, 202
TM 波　58
透過係数　41
透過率　44, 53

U

ウィーナー・キンチンの定理　33
埋め込みヘテロ構造　20
運動系　198

Y

YAG (ヤグ) レーザー　4, 6, 7
ヤングの実験　23, 34
柔らかい衝突　170
YLF　7
横緩和　143
横緩和時間　138, 156, 172
横緩和定数　138, 143
横モード　106
横励起大気圧レーザー　13
誘導放出　75, 89, 107, 129
誘導放出断面積　84
誘導放出係数　131
誘導光散乱　207
誘導遷移の確率　130
誘起双極子モーメント　128, 131, 142, 153, 164, 168
ゆらぎ
　　発振周波数の——　3

Z

全反射　45, 57
全量子力学的理論　175
増幅媒質　89
増幅定数　96

レーザー物理入門 新装版

1983 年 4 月 22 日　第 1 刷発行
2018 年 5 月 15 日　第 30 刷発行
2025 年 2 月 18 日　新装版第 1 刷発行

著　者　霜田光一

発行者　坂本政謙

発行所　株式会社　岩波書店
〒 101-8002 東京都千代田区一ツ橋 2-5-5
電話案内 03-5210-4000
https://www.iwanami.co.jp/

印刷・理想社　表紙・法令印刷　製本・中永製本

© 霜田悦子 2025
ISBN 978-4-00-006350-0　　Printed in Japan

長岡洋介・原康夫 編
岩波基礎物理シリーズ [新装版]
A5 判並製（全 10 冊）

理工系の大学 1〜3 年向けの教科書シリーズの新装版．教授経験豊富な一流の執筆者が数式の物理的意味を丁寧に解説し，理解の難所で読者をサポートする．少し進んだ話題も工夫してわかりやすく盛り込み，応用力を養う適切な演習問題と解答も付した．コラムも楽しい．どの専門分野に進む人にとっても「次に役立つ」基礎力が身につく．

力学・解析力学	阿部龍蔵	222 頁	定価 2970 円
連続体の力学	巽 友正	350 頁	定価 4510 円
電磁気学	川村 清	260 頁	定価 3850 円
物質の電磁気学	中山正敏	318 頁	定価 4400 円
量子力学	原 康夫	276 頁	定価 3300 円
物質の量子力学	岡崎 誠	274 頁	定価 3850 円
統計力学	長岡洋介	324 頁	定価 3520 円
非平衡系の統計力学	北原和夫	296 頁	定価 4620 円
相対性理論	佐藤勝彦	244 頁	定価 3410 円
物理の数学	薩摩順吉	300 頁	定価 3850 円

———— 岩波書店刊 ————
定価は消費税 10% 込です
2025 年 2 月現在

吉川圭二・和達三樹・薩摩順吉 編
理工系の基礎数学[新装版]
A5 判並製(全 10 冊)

理工系大学 1〜3 年生で必要な数学を，現代的視点から全 10 巻にまとめた．物理を中心とする数理科学の研究・教育経験豊かな著者が，直観的な理解を重視してわかりやすい説明を心がけたので，自力で読み進めることができる．また適切な演習問題と解答により十分な応用力が身につく．「理工系の数学入門コース」より少し上級．

微分積分	薩摩順吉	240 頁	定価 3630 円
線形代数	藤原毅夫	232 頁	定価 3630 円
常微分方程式	稲見武夫	240 頁	定価 3630 円
偏微分方程式	及川正行	266 頁	定価 4070 円
複素関数	松田 哲	222 頁	定価 3630 円
フーリエ解析	福田礼次郎	236 頁	定価 3630 円
確率・統計	柴田文明	232 頁	定価 3630 円
数値計算	髙橋大輔	208 頁	定価 3410 円
群と表現	吉川圭二	256 頁	定価 3850 円
微分・位相幾何	和達三樹	274 頁	定価 4180 円

――――― 岩 波 書 店 刊 ―――――

定価は消費税 10% 込です
2025 年 2 月現在

ファインマン，レイトン，サンズ 著
ファインマン物理学［全5冊］
B5 判並製

物理学の素晴らしさを伝えることを目的になされたカリフォルニア工科大学1，2年生向けの物理学入門講義．読者に対する話しかけがあり，リズムと流れがある大変個性的な教科書である．物理学徒必読の名著．

I	力学	坪井忠二 訳	396 頁 定価 3740 円
II	光・熱・波動	富山小太郎 訳	414 頁 定価 4180 円
III	電磁気学	宮島龍興 訳	330 頁 定価 3740 円
IV	電磁波と物性［増補版］	戸田盛和 訳	380 頁 定価 4400 円
V	量子力学	砂川重信 訳	510 頁 定価 4730 円

ファインマン，レイトン，サンズ 著／河辺哲次 訳
ファインマン物理学問題集［全2冊］ B5 判並製

名著『ファインマン物理学』に完全準拠する初の問題集．ファインマン自身が講義した当時の演習問題を再現し，ほとんどの問題に解答を付した．学習者のために，標準的な問題に限って日本語版独自の「ヒントと略解」を加えた．

| 1 | 主として『ファインマン物理学』のI，II巻に対応して，力学，光・熱・波動を扱う． | 200 頁 定価 2970 円 |
| 2 | 主として『ファインマン物理学』のIII〜V巻に対応して，電磁気学，電磁波と物性，量子力学を扱う． | 156 頁 定価 2530 円 |

———— 岩波書店刊 ————

定価は消費税 10% 込です
2025 年 2 月現在